JN234527

くらし と 地球環境

犬飼 英吉 著

丸善出版

はしがき

　人類は産業革命以来，資源・エネルギーを有効に利用し，大量生産・大量消費により，豊かな物質文明を築き上げ，今日のような便利で快適な生活を手にすることができるようになりました．しかし，その一方で資源・エネルギーの消費量は，膨大なものとなり，自然の浄化能力を超え，その結果，人類は自分の手で地球の再生循環システムを壊しかけています．これがまさに，近年，人類の生存基盤に深刻な影響を及ぼすことが懸念されている地球環境問題であります．それにもかかわらず少数の専門家を除いて，われわれは地球のことをあまりにも知らないというのが現状です．
　そもそも宇宙あるいは太陽の話は，何億光年（光が1年かかって進む距離を1光年という）とか，何億何千万年前というような天文学的数字で表される世界であり，われわれの日常生活とは程遠く感じられ，無関心になりがちです．しかし，多くの人たちが無関心でいることこそが，最も危険なことなのです．
　地球環境問題の元凶は，便利さを求める人間の欲望といえます．人間が便利さを求めれば必ず何らかの形で自然環境が壊されます．当然のことでありながら，しかし人類（われわれ）がそのことの重大さに気づくまでには時間がかかりました．つまり，環境に対する無知，無関心，「自分一人くらいは」とか「少しくらいなら大丈夫」というような利己的な考え方の個人の集まりが地球環境問題を深刻なものへと発展させていったのです．
　地球環境対策について論じるとき，どんなにわずかな環境汚染あるいは環境破壊も許さないという人たちがいますが，この考え方が発展すると，全人類が人口を減らして，自然の自浄作用の範囲を超えない程度の環境破壊しか伴わない原始時代の生活に戻らなければ解決しないという非現実的なことになります．大切なのは，現在の文化水準を保ちつつ，人類が地球とともに生きていくことなのです．現時点でわれわれ人類ができる現実的対策としては，個人の意識改革により際限のない物質的欲望を少し

抑えることと，科学技術を上手に使って，文明発展による地球環境破壊をできるだけ少なくすることではないでしょうか．

地球環境問題は，将来の危機に対する警鐘をならす意味でささいなことでも必要以上に大きく報道されたり，その対策に対しても，新奇性という観点で非現実的なものがマスコミで高く評価されたり，反対運動，国際政治とのからみで，現実的な対策が批判的に書かれたり，受け取る側を混乱させる情報がはんらんしています．そんな情報をうのみにしたり，踊らされることなく，真に地球環境問題を理解し，自分なりの正しい判断と，思考を可能にするためには，専門分野別に細分化された知識ではなく，広い分野を総合的にとらえた地球科学の知識が必要です．

本書のねらいとするところは，社会人として，グローバルなものの見方，考え方により，地球環境問題について正しく理解，判断するための基礎知識を体系的に学習することにあります．そこで，本書はわれわれが生活を営んでいる地球に関して，次のようなことを解説しています．

- ◆ 今地球ではどんなことが問題になっているのか．地球環境問題とは？ 温暖化，酸性雨の対策はあるのか．
- ◆ 地球の内部構造はどうなっているのか．
- ◆ プレートに乗った大陸はマントルの熱対流により今も動いている．日本海溝に沈み込んだプレートの行方は？
- ◆ 地球を包む大気の構造はどのようになっているのか．
- ◆ 水と大気はどのようにしてでき，地球上をどのように動いているのか．
- ◆ 原始地球は放射線の塊だった．今も空から宇宙線，地面，人間からも放射線が出ている．
- ◆ 太陽は地球に光ばかりでなく，太陽風という放射線の一種を吹き付けている．
- ◆ 放射線，電磁波・電磁界（EMF）の人体への影響について．

そのほか次のような素朴な疑問について，分かりやすく解説しました．
- ◆ 地球はどのようにして宇宙に生まれたのか？ その生い立ち．
- ◆ 日本列島に石油・石炭が出ないのは，なぜか？
- ◆ 地震はプレート運動によって起こる．地震多発国日本の超高層ビル，原子力発電所は大丈夫か？
- ◆ 生命は地球上にどのようにして生まれたか？

◆ 環境ホルモンは猛毒か？

　本書は，文系，理系の大学，短大の教養学科目のテキストとして，あるいは関心を持たれた一般の人達の教養図書として利用していただくことを願って，なるべく専門用語，業界用語，数式を使用しないで，「分かりやすく」をモットーに記述しました．

　本文中◆印は本文の理解を助けるための小話，＊印は用語説明，補足説明です．

　最後に本書の出版を快く引き受けて下さり，いろいろとご指導いただいた出版事業部の松嶋徹氏，斉藤洋子氏に深く感謝いたします．

　2000 年　早春

犬　飼　英　吉

目　次

1　文明発展に伴って起きる地球環境問題 …… 1
1.1　地球環境問題とは　1
1.2　地球温暖化はなぜ起きるのか　5
1.3　地球の温度上昇と二酸化炭素の増加　6
1.4　地球温暖化対策の難しさ　9
1.5　やればできる酸性雨，オゾンホール対策　12
1.6　発展途上国の地球環境問題に対する基本的な考え方と日本の使命　14
1.7　地球環境問題からみた新・省エネルギー技術と原子力発電　17

2　地球の構造 …… 23
2.1　宇宙のはじまり　24
2.2　地球を含む太陽系諸天体の誕生　25
　　　――地球はどのようにして宇宙に生まれたか――
2.3　宇宙の万物はすべて同じものからできている　28
2.4　地球の内部構造　29
2.5　地球を包む大気の構造　34

3　生きている地球 …… 41
3.1　ウェゲナーの大陸移動説　41
3.2　古地磁気学による大陸移動説の検証　43
3.3　地殻熱流量から推定されるマントルの熱対流の存在　45
3.4　プレートテクトニクス（大岩盤構造論）　46

 3.5 新学説「プルームテクトニクス」 *48*

 3.6 日本列島には石炭，石油が少ないのはなぜか？ *52*

4 地震と建物の耐震設計 …………………………………… *57*

 4.1 プレート運動によって起こる地震 *57*

 4.2 地震動の強さとその特性 *60*

 4.3 新耐震設計法（応答スペクトルによる耐震設計法） *62*

 4.4 砂地盤の液状化現象 *67*

 4.5 原子力発電所は大地震が来ても大丈夫か？ *69*

5 地球の水と大気の動き …………………………………… *75*

 5.1 地球の水とその特異な性質 *75*

 5.2 海の働きと海水の動き *79*

 5.3 水の循環と水質汚染 *84*

 5.4 大気の動きと大気汚染物質の長距離輸送のメカニズム *88*

 5.5 大気中の水蒸気と気象現象 *92*

6 電磁波，放射線に包まれた地球環境 …………………… *95*
 ——放射線は危険なものか？——

 6.1 放射線にはどんな種類があるか *95*

 6.2 放射線の単位 *100*

 6.3 放射性物質の半減期 *101*

 6.4 放射線の発生原理と性質 *105*

 6.5 宇宙から地球に降り注ぐ電磁波，放射線 *110*

 6.6 日常生活で受ける放射線量 *113*

 6.7 放射線の有効利用 *118*

7 電磁波・電磁界（EMF），放射線と私たちの身体 …… *123*
 ——電磁波・電磁界（EMF），放射線でとがんになるというのは本当か？——

 7.1 電磁波・電磁界（EMF）の人体への影響 *123*

 7.2 放射線の人体への影響 *130*

 7.3 確率的影響 *131*

7.4　広島，長崎の遺伝的影響（確率的影響）　*135*
7.5　確率的影響のしきい線量　*135*
7.6　確定的影響　*140*
7.7　放射線の防護の考え方と線量限度　*140*

8　生命はどのように地球上に誕生し，進化したか？ …………*147*
8.1　生命の起源　147
8.2　生命の起源に関する近年の研究　*149*
8.3　生命を構成している物質と構造　*151*
8.4　生命の遺伝情報とその伝達方式　*153*
8.5　地球環境の変化と生物の進化　*155*
8.6　生物の出現と地球の物質循環システム　*160*

9　環境ホルモンとは ………………………………………*163*
――環境ホルモンは猛毒か？――
9.1　環境ホルモンが問題となった経緯　*164*
9.2　正常なホルモンの働き　*166*
9.3　環境ホルモンと疑われている物質　*169*
9.4　環境ホルモンとその作用メカニズム　*174*
9.5　環境ホルモンの野生動物や人間への影響　*175*
9.6　環境ホルモン汚染から身を守るガイドライン　*178*

あ　と　が　き ……………………………………………………*181*

付　　　　録 ……………………………………………………*185*

索　　　　引 ……………………………………………………*189*

1 文明発展に伴って起きる地球環境問題

　われわれの現在の日常生活は，自動車，エアコン，冷蔵庫，洗濯機，掃除機，パソコンなどのハイテク家電製品によって，資源・エネルギーをふんだんに使用し，快適で便利になった．しかし，その一方で，資源・エネルギー大量消費による地球環境問題が顕在化してきた．世界は今，① 持続的な経済発展，② 資源・エネルギー問題，③ 地球環境問題，の三つが相互に関連し，ジレンマならぬトリレンマに陥っている．

　今後，地球環境を守りながら快適な生活を実現するにはどうしたらよいか，それは科学技術だけでは解決できない．まず意識改革，豊かさやゆとりのある生活イコール資源・エネルギーの多消費といったこれまでの個人の価値観やライフスタイルの見直しがその出発点である．

1.1 地球環境問題とは

地球環境問題とは，次のように定義されている．
① 被害，影響が一国内にとどまらず，国境を越え，地球規模にまで広がる環境問題
② 先進国などの国際的な規模の援助を必要とする開発途上国の環境問題
　一般に，この二つのいずれかあるいは両方に関連する環境問題を地球環境問題と呼んでいる．

　現在，次のような問題が挙げられている．ただし，定義に「……懸念される」とある問題は，このまま進むと重大な結果を招く心配があるという意味である（図1.1）．

(1) 特定フロン[*1]によるオゾン層の破壊

　電気冷蔵庫，エアコンの冷媒として使用されているフロンは，大気中に放出されても分解しないので蓄積し，やがて成層圏にまで拡散し，太陽の強い紫外線を受けて分解される．このとき，フロンに含まれている塩素によって，成層圏のオゾン層が破壊

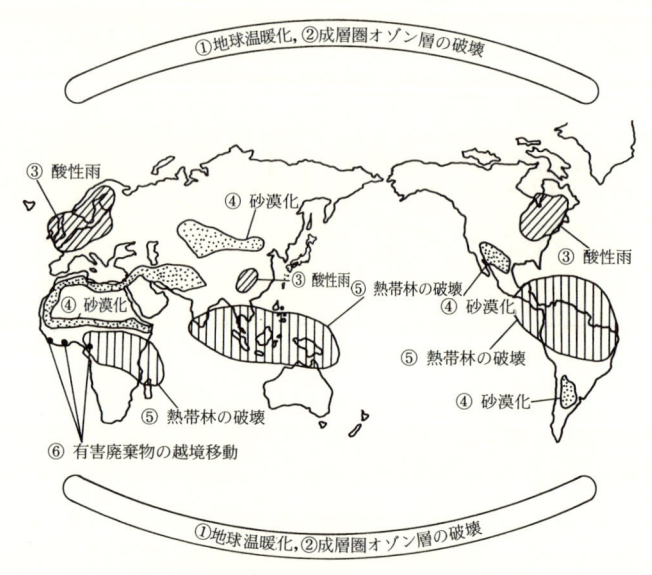

図1.1 地球環境問題の広がり[1]
[国勢社"世界国勢図解 1992-93年版"，
通産省"2000年の産業構造"より]

される．すると，人体に有害な紫外線が本来吸収されるはずのオゾン層に吸収されず，地上に達し，その結果，皮膚ガンなどの人体への影響や，農作物の発育不良など生態系への悪影響，さらには気候への重大な影響が懸念されている（図1.2）．

(2) 地球温暖化

IPCC（気候に関する政府間パネル）の第2次報告書によれば，化石燃料の燃焼などにより排出される二酸化炭素（炭酸ガス）などの温室効果ガス*2の大気中の濃度上昇により，このまま放置すると，地球の温度は10年間当り0.12〜0.26℃の割合で上昇し（成層圏の硫酸などのエアゾールの冷却効果を考慮し下方修正後の値），2100年までに

---

*1　フロン（1928年，米国で発明された）は，人畜無害で化学的に安定した物質であり，耐熱性に優れ，低い沸点と大きな蒸発熱を持っており，冷媒として冷蔵庫，エアコンに利用されている．また，金属を腐食せず洗浄効果がよいので，電子部品の洗浄剤としても使われている．そのほか，噴射剤（エアロゾル噴霧器に利用），発泡剤，洗浄剤（電子部品，ドライクリーニングに利用）として広く利用されている．フロンは日本特有の通称であり，正式名称はクロロフルオロカーボン（CFC）である．フロンには用途によって，沸点，物性の異なったいくつかの種類があるが，このうちオゾン層を破壊するものは特定フロンと呼ばれ，フロン-11, 12, 113, 114, 115の5種類である．これらは，いずれも炭素とフッ素に塩素が入った化合物である．これら特定フロンの代替として，特定フロンから塩素を取り除いたパーフルオロカーボン（PFC），ハイドロフルオロカーボン（HFC），水素を含ませることで成層圏に達する前に分解しやすくしたハイドロクロロフルオロカーボン（HCFC）などが既に開発されている．

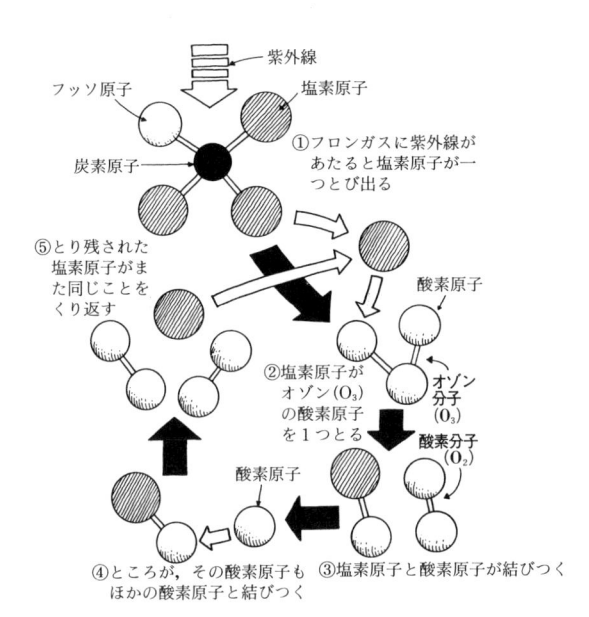

図1.2 オゾン層がこわれるしくみ[2)]

海面が20〜80 cm 上昇するという試算[*3]になる．温暖化による生態系への影響，デング熱，マラリアなどの熱帯地方での伝染病の流行，国土の一部が浸水するほか，異常気象の発生による自然災害，それによる食料飢饉（例えば，近年，猛暑，冷夏などの天候不順のため，タイ国から米を緊急輸入したことを思い出してほしい）などが懸念される．

---

*2　温室効果ガスとは，赤外線を吸収して地球温暖化をもたらすガスのことで，二酸化炭素，フロン，メタン，亜酸化窒素，オゾン，水蒸気などがある．二酸化炭素は化石燃料の燃焼と森林伐採などに伴って発生し，メタンは農業，家畜の飼育，石炭の採掘に伴って発生し，亜酸化窒素は農業活動に伴って発生するが，いずれも増加している．

二酸化炭素以外の温室効果ガスは量的には少ないが，その効果を二酸化炭素と比較すると，フロンは1万倍（フロンはオゾン層も破壊するので，1985年のウィーンの国際会議で取り上げられ，消費を規制していくことになった），オゾンは2 000倍，亜酸化窒素は100倍，メタンは30倍である．しかし，二酸化炭素は，その量の多さゆえに，全温室効果ガスが及ぼす影響のうち55％と最も大きい．

*3　温暖化による温度，海面の上昇の推測は，コンピュータシミュレーションによる値であり，IPCCばかりでなく，日本の気象庁などでも行われているが，雲の日傘効果（反射率），水蒸気の赤外線吸収効果などの不確定要素をどの程度見込むかにより大きな差がでる．温度，海面上昇の推側値は，あくまでも試算値である．

◆ **地球温暖化と食料生産量の関係について次のような意見がある**

地球温暖化が進めば食糧不足が起こることは必至である．植物は移動できないから，環境が急激に変われば枯死する．1年生栽培植物の場合は，人為的に作物転換ができるが，それが行われるのは何年か不作が続いてからになる．また新しい作物が土地・気候・栽培方法に合うとは限らないから，試行錯誤の期間は十分な収穫量が得られない．このようにして世界的食料不足が起こったとき，最も深刻な打撃を受けるのは，食糧自給のできない日本である．食料生産国は，自国の食料が十分でないときに他国に食糧は売ってくれるだろうか（かつてアメリカで大豆が不作だったとき，アメリカは主として飼料用として消費されている大豆の国内供給を確保するために，大豆の輸出を禁止した）．日本国民の食料安全保障のためにも，日本は先頭に立って地球温暖化を阻止しなければならない．多少の食料減収が起こっても困らない国の真似をしてはいけない（先進国の大半は食料輸出国である）．（名古屋大学山寺秀雄名誉教授）

(3) 酸性雨

天然の降雨は，大気中に 0.03 ％含まれる二酸化炭素が溶けて弱い酸性を示す．その水素イオン濃度 pH は 5.6〜5.7[*4]なので，それ以下の雨を酸性雨という．化石燃料の燃焼などに伴い排出される硫黄酸化物（SOx），窒素酸化物（NOx）が降雨に溶けた結果，ヨーロッパ，北アメリカなどで，酸性の強い降雨が観測され，森林の破壊，湖沼の魚介類の死滅，文化財・建造物などへの被害が出ている．

(4) 有害廃棄物の越境移動

処分費用の高い国から安い国へ，規制のきびしい国から緩い国へと有害廃棄物が移動され，それに伴う環境問題が発生している．

(5) 海洋汚染

世界の海洋全般に及ぶ浮遊性廃棄物，有害化学物質などによる汚染の進行が懸念されている．

(6) 野生生物種の減少

生息地の破壊などにより，現在 500 万から千数百万種と推定される野生生物種が 2000 年までに 50 万から 100 万種絶滅すると予測されている．

---

*4 水素イオン濃度（指数）とは，水溶液の水素イオン濃度を表す指数で，この値により酸性か，アルカリ性かを判別できる．$pH = -\log_{10}[H^+]$で表す．$[H^+]$は水素イオンのモル濃度を表す．pH＝7が中性で，pH が 7 より小さい方が酸性，pH が 7 より大きい方がアルカリ性，ちなみにオレンジジュースが pH＝3.4 くらいである．

(7) 熱帯林の減少

焼畑移動耕作，薪の過剰採取，農地への転用，過放牧，商業材の伐採などにより，熱帯林が毎年1130万ヘクタール（本州の半分の面積に相当）減少していると推測されており，それに伴い開発途上国の産業・生活基盤，野生生物の生息地が損なわれるほか，気候への影響も懸念される．

(8) 砂漠化

過放牧や薪の過剰採取により，毎年600万ヘクタール（四国，九州の合計面積に相当）が砂漠化，食料生産への影響や薪炭材の不足により周辺住民の生活が脅かされるほか，気候への影響も懸念される．

(9) 開発途上国の公害問題

工業化や人口の都市集中に伴い，開発途上国でも公害問題が発生，国際協力による解決が要請されている．

以上の地球環境問題の中で，対策が急がれるものは地球温暖化，酸性雨，フロンによるオゾン層の破壊の三つである．

1.2 地球温暖化はなぜ起きるのか

地球温暖化のメカニズムを理解するには，地球の大気の鉛直構造の基礎知識が必要である．これについては2.5を参照されたい．

地球は太陽光によって温められ，熱源となって，宇宙へ赤外線を熱放射している．地球の周りを取り囲む大気中の二酸化炭素，メタンガスなどの温室効果ガスは太陽光のような波長の短い光は通すが，赤外線のような波長の長い放射熱は通しにくい性質を持っているので，地球は適度に温められて，今日のような自然環境を維持してきた．もし，この温室効果ガスが大気中に存在しないと，地球の平均気温は氷点下18°Cになり，生物，植物は生命活動が難しくなる（図1.3）．

ところが人類は，18世紀に入り，機械技術者であるイギリスのジェームス・ワット（James. Watt, 1736〜1819）の蒸気機関の発明に始まる産業革命により石炭を，さらに第2次世界大戦後は石油をエネルギー源として，大量生産・大量消費を行い，急激に高度文明社会化を推し進めてきた．その結果，大気中の二酸化炭素濃度が急速に上昇し始めた．

大気中の二酸化炭素は，植物の光合成，岩石の風化などによって消費されるが，過

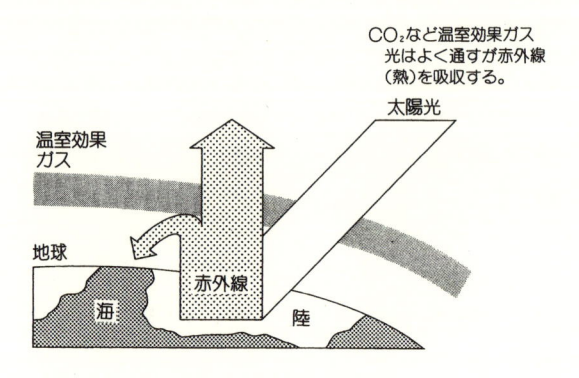

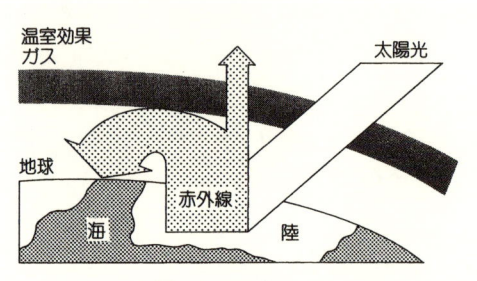

図1.3 温暖化のメカニズム[3]

剰な二酸化炭素は，海水に吸収される．海水の吸収能力は大気の50倍といわれているが，全体の海水が深層まで入れ代わる周期は約2 000年〜4 000年といわれている．さらにサンゴ，貝などの骨格，殻となって堆積し，石灰岩となり，造山作用の結果，陸地に現れるまでには，数億年〜数千年という気の遠くなるような長い年月がかかるといわれている．つまり，わずか200年における人類の大量エネルギー消費が自然の浄化作用を飽和状態にし，そのバランスを崩してしまったわけである．これが現在憂慮されている地球温暖化現象である．

1.3　地球の温度上昇と二酸化炭素の増加

(1)　近年の気温と大気中の二酸化炭素の濃度

「気候変動に関する政府間パネル」IPCCの報告書によれば，1880年から1995年の陸上気温と海上気温を総合した全地球の平均気温の変化は少しずつではあるが上昇し

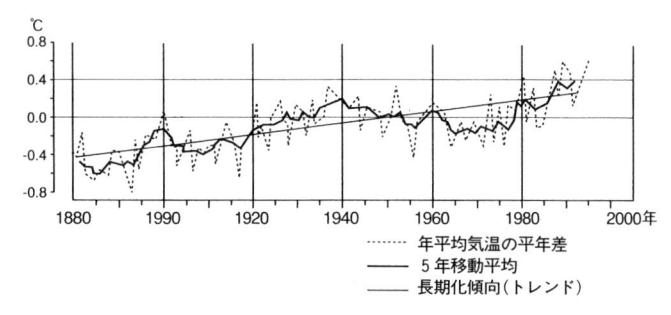

1　文明発展に伴って起きる地球環境問題　　7

図1.4　地球の気温の経年変化[4)]
1880～1995年各年の平均温度を1961年～90年の平均気温からの差で示している．
["平成10年版環境白書（総説）", 気象庁編 "地球温暖化監視レポート" (1955) より]

つつある（図1.4）．

　また，大気中の二酸化炭素濃度は地球上のすべての地点で増加している．アメリカのC.D.キーリングらによって，既に1958年以降，ハワイのマウナロア観測所と南極で定期的に大気中の二酸化炭素濃度が測定されており（図1.5），日本でも，1987年以降岩手県三陸町綾里の気象庁気象ロケット観測所で観測が行われているが，毎年一定の増減を繰り返しながら1.8 ppm/年程度増加している．

　ちなみに，二酸化炭素濃度が毎年一定の増減を繰り返すのは，植物の光合成量が季節により変わるからであり，光合成が活発に行われる春から夏にかけて減少し，秋から冬にかけて増加し，植物がほとんどない南極ではあまり変動がない．

　この大気中の二酸化炭素濃度と全世界の化石燃料消費量から計算した二酸化炭素排出量との間には，明らかな相関関係が見られる．

　また，IPCCの報告書による世界の平均気温の経年変化と，大気中の二酸化炭素の濃度の経年変化を重ね合わせてみても，明らかな相関関係がある．

(2)　古大気の二酸化炭素濃度と気温

　南極のボストーク基地でボーリングした結果得られた地下2080mまでの氷の試料の中に，気泡となって含まれていた古大気の分析が行われ，過去16万年前までの古大気の二酸化炭素の濃度と気温の経年変化が分かった．これを見ると，過去に気温は10℃，二酸化炭素濃度は180～300 ppmくらいの変化をしている．つまり，大気中の二酸化炭素濃度は一定値ではなかったことが分かる．また，二酸化炭素濃度の変化と気温の間には顕著な相関関係が認められ，その大きな周期（卓越周期）は，10万年，4

1.3 地球の温度上昇と二酸化炭素の増加

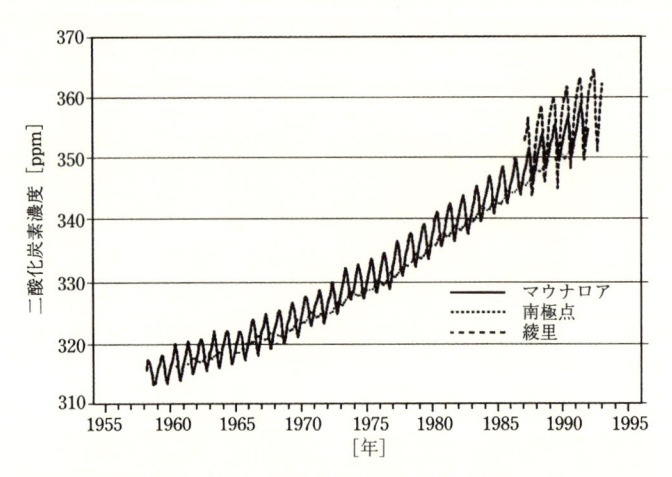

図 1.5 ハワイマウナロア山，南極点および岩手県三陸町綾里の気象庁気象ロケット観測所における二酸化炭素濃度の変化[5]
［気象庁温暖化情報センター（WMO 温室効果気体世界資料センター）が作成］

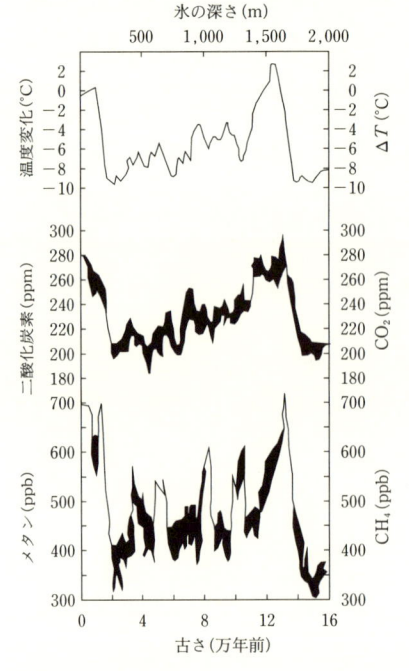

図 1.6 南極の氷に残された大気中二酸化炭素，メタンの濃度と気温の変化[6]

万年，2万年である（図 1.6）．

また，深海堆積物中のプランクトンの一種である浮遊性有孔虫の殻の中の酸素の同位元素（O 18）の濃度がその時代の世界の氷河量に関係していることから[*5]，この 200 万年間に高緯度の大陸がほとんど氷で覆われていた寒冷な時代（氷期）と，現在のように氷の大部分が溶けた温暖な時代（間氷期）が何回も繰り返し移り変わっていることも分かった（図 1.7）．

このような数万年単位の周期の気候変動の原因は，太陽の日射量の変動によるものであり，日射量の変動は，地球が太陽の周りをまわる公転軌道と軌道面に対する地軸の傾きの周期的変化[*6]によるものと考えられている．

現在，地球は間氷期にあり，最近 1 万

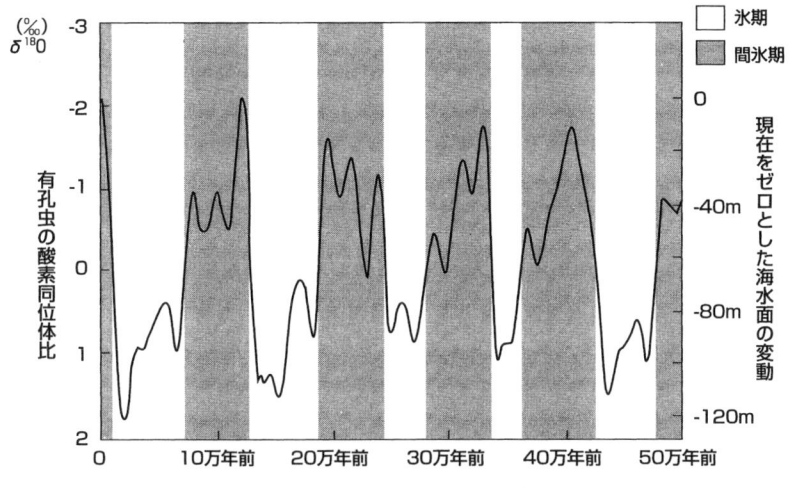

図1.7 氷期・間氷期の周期的気候変動[7]

年は極めて安定した温暖な気候が続いているが，これから先どうなるのかは，人類の活動が地球規模になってしまった現在，過去の記録から将来を予測することは難しい．

1.4 地球温暖化対策の難しさ

(1) 地球温暖化に対する各国の対応

世界人類が，少なくとも現状の生活レベルを維持するだけでも，人口増加分に見合った経済成長が必要であり，その分のエネルギー消費は必要不可欠である．さらに生活レベル向上分を見込むと，そのためのエネルギー消費はさらに増える．しかし，現

＊5　原子の中には性質は同じでも，重さが違うものがあり，これを同位体あるいは同位元素という．自然界の多くの元素には，一定の比率でいくつかの同位体が含まれている．酸素は原子量が16のほかに，これより重い原子量18の同位体が含まれている．氷河の氷はもともと海水が蒸発した水蒸気が氷結し降り積もったものである．海水が蒸発する際，水は酸素と水素の化合物であるが，軽い酸素16を含む水の方が早く蒸発するので，残った海水には重い酸素18と結合した水が多くなる．間氷期には氷河の酸素16を含む氷が大量に溶けて海に流れ出すので，海水中の酸素18の濃度が薄くなる．氷期はその逆となる．したがって，海水中に生息する浮遊性有孔虫の殻の中に含まれる酸素18の濃度は，その時代の海水中の酸素18の濃度を反映しており，これから世界の氷河量が推測できる．

＊6　これに最初に気づいたのが，セルビアの科学者ミランコビッチである．彼の研究(1920〜1930年)によれば，1970年代の半ばにインド洋の海底堆積物を解析した結果，過去50万年間の気候変動の周期が彼の理論的計算値と一致したことにより，氷期－間氷期サイクルのような数万年の周期を持つ気象変動は軌道要素の変動による日射量変動によるものであると提唱した．

1.4 地球温暖化対策の難しさ

在1次エネルギー*7の大部分を化石燃料に依存しているため，二酸化炭素の排出量は必然的に増える結果となる．

したがって，地球温暖化対策には，国際協調のもとに技術的，行政的対応策が必要であるが，資源問題，先進国と発展途上国との関係，南北問題にも発展し，その対策はなかなか進まないのが現状である．

1990年のトロント・サミットを端緒として，1990年の世界気候会議で2000年において，1990年レベルで安定させる宣言を発表し，1994年3月，地球温暖化防止に関する国際条約「気候変動枠組条約」が発効された．

1997年12月には，わが国の主催により百数十カ国が集まり，地球温暖化防止京都会議が開かれ，先進国全体で最低5％削減する議定書を採択した．これによると，削減対象ガスを従来の二酸化炭素，メタン，亜酸化窒素のほかに，エアコンや冷蔵庫に使用されている代替フロン（ハイドロフルオルカーボン，パーフルオロカーボン，六フッ化硫黄．いずれも削減年は1995年）とし，わが国の目標削減率は，2008～2012年までの間に6％と決まった．

これを受けて地球温暖化防止のため，わが国では次のような対策が急がれる．

① 省エネルギーのいっそうの推進
② 安全性の確保を前提とした原子力発電の開発推進，水力，地熱，風力などの自然エネルギーの利用促進
③ 長期的には，二酸化炭素の固定化などの革新的技術開発の促進

日本の部門別の二酸化炭素排出量をしらべてみると，その排出量が最も大きいのは電力，ガス事業のエネルギー転換部門である．次が産業部門，運輸部門，民生部門の順となっている．排出量が大きい部門の対策は，当然その効果も大きいので，その促進が望まれる．

◆ 各種発電方式と二酸化炭素の排出量

図1.8は財団法人電力中央研究所が，各種発電方式により1kWhの電力を発生する場合，エネルギー原料の採掘から輸送，発電，廃棄物処理までと施設の建設，保守に必要なエネルギーも含めて二酸化炭素をどのくらい排出するのか算定したものである．これによると，二酸化炭素の排出が最も少ない発電方式は水力発電であり，次が

---

*7　1次エネルギーとは，油田から汲み上げた原油もあれば，石炭，水力，太陽の光と熱，地熱，風などエネルギーの原材料的なものをいう．2次エネルギーは，1次エネルギーを加工し，ガソリン，電気や都市ガスにし，消費端で使いやすくしたものをいう．

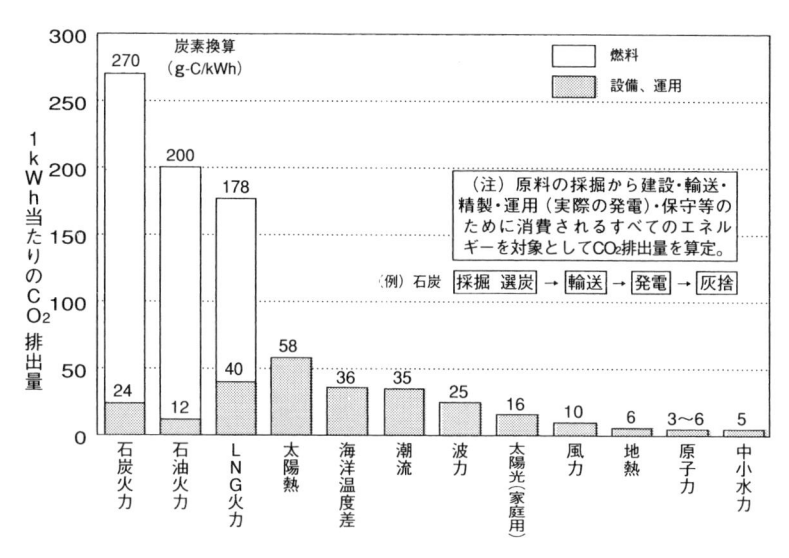

図1.8 各種電源の CO_2 排出量[8]

原子力発電，自然エネルギーを利用した発電方式の順となる．

(2) 二酸化炭素対策技術の難しさ

二酸化炭素対策技術の実用化は，以下のような理由により容易ではない．

① われわれは，現在，石炭・石油などの化石燃料を燃焼し，その熱エネルギーを直接利用したり，それを電気に変換したりして利用している．地球温暖化の対策は，従来の公害対策のように，燃料中の微量な硫黄分などの化学反応を問題にしているのではなく，現在のエネルギー発生システム「物を燃やして熱エネルギーを得る」という主たる反応そのものが，直接的な原因というわけであるから，根本的発想の転換が求められており，従来の公害対策とは本質的な違いがある．

② 石油・石炭を燃焼して得られるエネルギーより，排ガス中の二酸化炭素を分離回収するためのエネルギーのほうが大きくなっては対策として意味を為さない．

③ 植林して樹木を増やし，光合成により二酸化炭素を樹木に吸収させる量を増やしても，育った樹木が枯れて腐敗したり，あるいはこれを薪として利用すれば，最終的には二酸化炭素を増やすことになり，元の黙阿弥である．すなわち，地球環境の中に長期に固定し，地球再生循環システムのバランスを崩さないように，二酸化炭素を少しずつ出す必要があるところに問題の難しさがある．

ちなみに，植林の効果は，二酸化炭素の大気濃度の1年ごとの光合成量の季節的変化幅を見ると，緑の多い日本全体でも10 ppm程度であり，あまり期待できないことが分かる．

1.5 やればできる酸性雨，オゾンホール対策

(1) 酸性雨のメカニズムと日本の現状

酸性雨は主に石油・石炭などの化石燃料を燃やすと発生する硫黄酸化物，窒素酸化物などが大気中を拡散する間に酸性のガス状・浮遊粒子状の物質となり，それがそのまま地上に落下したり，あるいは雨や霧・雲に取り込まれて酸性の雨として降る現象である．図1.9にそのメカニズムを示す．

酸性雨問題は，石炭の使用量が多いヨーロッパ，北米では，既に1970年代初めには国境を越えた大きな環境問題になっていた．近年，中国の酸性雨のアジア地域への影響が問題視されている（図1.10）．

わが国に降る雨は全域で酸性化しているものの，その濃度は，欧米ほどでなく，森林の衰退，湖沼の酸性化などの顕著な影響は今のところ起きていない．この理由は，他国の土壌に比べて日本の土壌は酸性雨を中和する能力が高いためでないかと言われている（図1.11）．

図1.12は，電力中央研究所が日本全域に観測網を設置し，1987年から3年間の観測値をもとにコンピュータシミュレーションし，日本に沈着する硫黄酸化物に対する発生源の寄与率調べたものである．中国，韓国，北朝鮮の硫黄酸化物は，局地風によって舞い上がり，成層圏下部の偏西風に乗って日本に運ばれてくる．日本全域でみると，日本の寄与率は40％（このほかに火山の寄与率20％），中国，韓国，北朝鮮の寄与率が40％であるが，冬季（10〜3月）は季節風の影響で日本海側では中国，韓国，北朝鮮の寄与率が80％を超える．

財団法人日本エネルギー経済研究所が行ったシミュレーションによれば，中国が現在のペース（GNPが2000年まで年平均9％，2000〜2010年まで年平均7％で伸びることを想定）で発展した場合，2010年にはSOx，NOxの排出量はそれぞれ約1.9倍，約2.0倍（1994年ベース）に増える．中国がこのまま経済発展すると，日本にも大きな影響を与えることは必至である．

(2) 酸性雨対策

酸性雨の原因は，大量の化石燃料の燃焼にあるから，長期的対策は地球温暖化対策

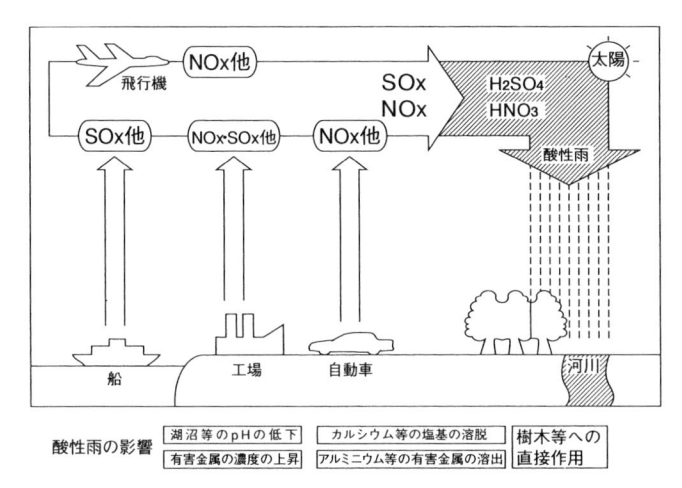

図1.9 酸性雨の発生[9)]
H_2SO_4：硫酸，HNO_3：硝酸

と同じである．日本は世界で最も厳しい公害対策基本法（現在は環境基本法）のおかげで，環境対策技術が非常に進歩し，工場などの固定発生源については煙突1本ごとの個別規制，地域あるいは企業別総量規制により，硫黄酸化物，窒素酸化物の排出量は世界で最も低い．

例えば，日本のすべての火力発電所には排煙脱硫装置，排煙脱硝装置が設置されており，この環境対策技術は世界一である．

日本の火力発電電力量は主要国7カ国中第2位であるが，硫黄酸化物，窒素酸化物の排出量は最下位である．図1.13は，世界の主要国の火力発電設備から排出される硫黄酸化物，窒素酸化物の1kWh当りの排出量gを示す．主要6カ国の値と比較して，日本の火力はそれぞれ硫黄酸化物 $0.24\,g/kWh$，窒素酸化物 $0.33\,g/kWh$ であり，世界で最も低い．

今後，日本では自動車などの移動発生源の窒素酸化物，特にディーゼルエンジンから排出される窒素酸化物の総量（台数）規制が急がれる．

(3) オゾンホール対策

そもそもオゾン層破壊に関する問題は，成層圏超音速機の開発計画が契機となり，1974年アメリカの研究者が，フロンによるオゾン層破壊の可能性を警告したのが始まりである．1982年日本の南極観測基地の忠鉢研究官が南極上空でオゾンの異常な現象を発見したのに続き，1985年イギリスのファーマンがオゾンホールのフロン原因説を

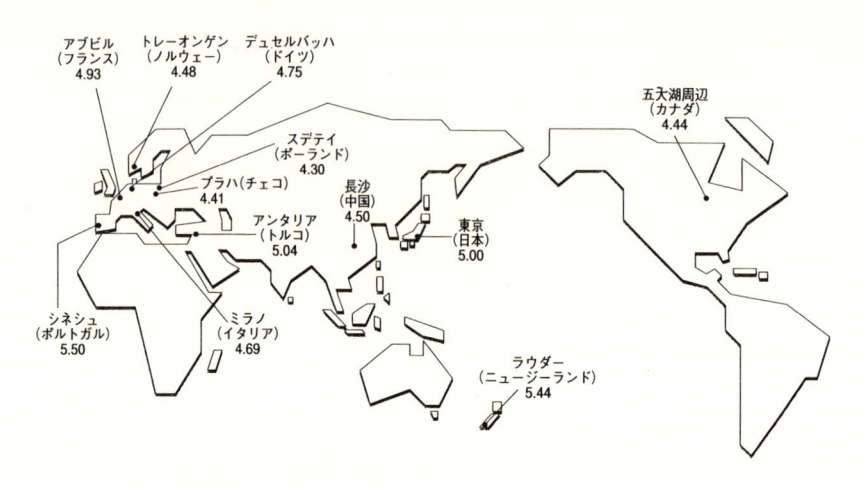

図1.10 世界の降水中のpH分布図 (1995)[10]
注1) ミラノ,ラウダーは1993年,東京,シネシュ,アブビルは1994年,長沙は1996年のデータ. ["OECD Environmental Data 1997", "中国環境年鑑"より]

発表した．その後，アメリカの人工衛星ニンバスの観測データの分析により，オゾンホールの存在が確認された（現在，オゾンホールは南極大陸の面積の約1.5倍の大きさになっている）．これにより，急速にフロン使用禁止の国際的な動きが進んだ．1985年ウィーンの国際会議でオゾン層保護のための条約に26カ国が調印し，1989年にはモントリオールの議定書が発効され，先進国は1996年，発展途上国は2010年までにフロン，ハロン[*8]を全廃することに決まった．このウィーン条約とモントリオールの議定書は，加盟国の多さと公害物質の規制が迅速かつ効果的に行われた点で最も成功した国際条約と言われている．

これにより，オゾンホールは，今までに大気に放出されたフロンにより2005年にピークとなり，2030年には消滅すると予測されている．

1.6 発展途上国の地球環境問題に対する基本的な考え方と日本の使命

(1) 発展途上国の地球環境問題に対する基本的な考え方

発展途上国の筆頭格を自認している中国が，全国人民代表大会，国際会議などでたびたび明らかにしている環境問題に対する基本的な考え方を要約紹介する．

[*8] ハロンは消火剤として用いられており，臭素を含み，オゾン層を破壊する力はフロン以上である．

1　文明発展に伴って起きる地球環境問題　　15

第2次調査／平成5年度／6年度／7年度

利尻
4.8/4.9/[5.3]/[5.3]

野幌
**/[4.8]/5.0/5.1

札幌
5.2/5.1/4.7/4.6

竜飛
--/--/4.7/4.9

尾花沢
--/--/[4.8]/4.8

新津
4.6/4.6/4.6/4.7

新潟
4.6/4.6/4.5/4.6

佐渡
4.6/4.7/4.7/4.7

八方尾根
--/--/4.7/[4.9]

立山
--/--/[4.7]/4.8

輪島
--/--/4.6/4.6

越前岬
--/--/--/4.5

八幡平
--/--/[4.9]/4.8

箆岳
5.0/5.2/4.8/[4.8]

仙台
5.2/5.3/[5.3]/5.1

尾瀬
--/--/--/[5.0]

筑波
4.8/[4.3]/[4.5]/[4.7]

東京
4.7/5.2/5.0/5.2

鹿島
5.5/[4.9]/5.6/5.7

市原
4.9/5.2/5.5/5.3

川崎
4.7/5.1/4.7/4.8

丹沢
--/--/--/4.8

犬山
4.5/4.7/4.8/4.7

名古屋
5.3/5.3/5.3/4.7

京都八幡
4.6/4.7/4.7/4.8

大阪
4.6/4.8/4.5/4.7

尼崎
--/--/5.0/4.8/4.7

潮岬
--/--/4.6/4.6

倉敷
4.6/4.7/4.7/4.6

京都弥栄
[4.6]/[4.6]/4.7

壱岐
4.9/[4.9]/5.1/4.8

松江
4.7/4.9/4.8/4.7

益田
--/--/4.7/4.6

北九州
5.0/4.8/5.2/5.2

対馬
4.5/4.8/[4.7]/4.9

筑後小郡
4.6/4.9/4.7/4.8

五島
--/--/[4.8]/4.9

大牟田
5.0/5.3/5.5/5.5

足摺岬
--/--/[4.6]/[4.6]

倉橋島
4.5/[4.6]/4.4/4.6

宇部
5.8/5.9/5.7/5.8

大分久住
--/--/4.5/4.7

屋久島
--/--/4.6/4.6

奄美
5.8/5.5/5.0/5.1

沖縄国頭
--/--/[4.9]/4.9

小笠原
5.1/5.1/5.3/5.3

図1.11　降水中のpH分布図[11]

--：未測定
[ ]：有効判定基準により棄却された年平均値（参考値）
＊＊：冬季に雪採取器を使用したため棄却された平均値

注1）　第2次調査は，平成元年度から4年度までの平均値である．
　2）　札幌，新津，箆岳，筑波は平成5年度と6年度以降では測定頻度が異なる．
　3）　東京は第2次調査と平成5年度以降では測定所位置が異なる．
　4）　倉橋島は平成5年度と平成6年度以降では測定所位置が異なる．

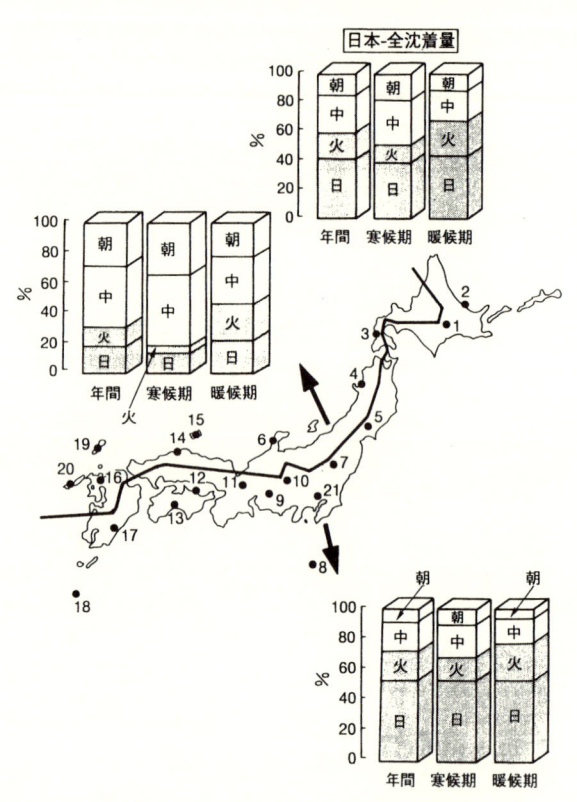

図1.12 わが国に沈着する硫黄化合物に対する発生減寄与[12]
日：日本，火：火山，中：中国，朝：北朝鮮・韓国

「地球環境問題は，先進工業国が工業化の過程で，天然資源を過度に消費した結果であり，現在も資源の消費量と汚染物質の排出量は総量，1人当りの量ともに発展途上国を大きく上回っている．先進国は大きな経済力，進んだ環境保全技術を持っているのだから，問題解決の義務を負っており，その資金と技術の提供は発展途上国に役立つばかりでなく，先進国の利益にも合致する．したがって，中国を含む発展途上国の環境保全に必要とされる資金，技術は先進国から供与されて当然である．しかも，それは先進国主導にならないように発展途上国の要求に基づいてである」(1992年ブラジルの国連環境会議)[2]

(2) 地球環境問題に対する先進国日本の役割

先進国は世界に先駆けて新・省エネルギーの研究開発，地球環境対策問題に取り組

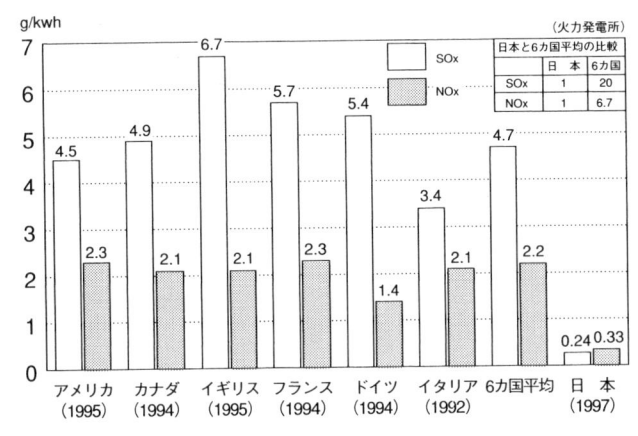

図1.13 主要国の発電電力量当りのSOxとNOx排出量[13]

まなければならない．世界に誇る日本の省エネルギー技術および排煙脱硫技術，排煙脱硝技術など，環境対策の先進技術を発展途上国に積極的に技術輸出し，先進国としての使命を果して，国際社会に貢献すべきである．特に環境対策技術は，資金がなく，技術も遅れている発展途上国に無償で提供することを提案する．これは日本および世界人類にとっても大きなプラスになる．

1.7 地球環境問題からみた新・省エネルギー技術と原子力発電

(1) 新・省エネルギー技術はどの程度期待できるのか

新エネルギー，省エネルギーの研究開発に関しては，1973年の第1次石油危機直後，通産省は新エネルギーの研究開発に関する国家プロジェクト「サンシャイン計画」を，第2次石油危機後，省エネルギーに関して「ムーンライト計画」をスタートさせた．そして，1992年までに，電源開発促進税（電気料金に含まれて徴収されている）の一部，合計約6000億円を投入し，研究の中核機関として，特殊法人新エネルギー・産業技術総合開発機構（New Energy and Industrial Technology Development Organization，通称 NEDO）を設立し，国，および民間の力を結集して研究開発を行った．

「サンシャイン計画」「ムーンライト計画」の成果は，石油に代わる地球環境を汚さないクリーンな自然エネルギーの利用は，量，コストの面でいかに難しいかということが分かったことであろう．

再生可能な太陽，風力などの自然エネルギーはいずれも希薄，間欠なエネルギーで

あり，量的にも制約がある．無から有を創造するような研究開発を期待しても無理である．研究開発で解決できる問題とできない問題とを正しく認識して，量とコスト，環境への影響，および新エネルギーの長所，短所を公正に評価すべきである．過大評価は禁物である．

(2) 地球環境問題から見た原子力発電

世界のエネルギー消費量は，発展途上国の爆発的人口増加と，生活レベルの向上により，今後もますます増大する傾向にある．

現在，世界の人口は61.6億人であるが，国連の人口統計調査によると，2030年には86.7億人，2050年には98.3億人になると予測されている．電力中央研究所の試算例によると，かなり控えめに考えても世界のエネルギー消費量は2050年には現在の2倍近くになる．

世界のエネルギー事情，地球環境問題を考えるとき，原子力発電は避けて通ることのできない問題である．特に，日本のエネルギーの自給率は原子力を除くと実質わずか8％である．また，石油の自給率は0.3％であり，石油の86.2％は中東諸国に依存している（ちなみに，第1次石油危機時で78.1％）．日本は，まったく危なっかしいエネルギー供給構造の上に成り立っている．日本はエネルギーの安全保障の点からもいたずらに原子力発電を怖がることなく，メリット，デメリットを冷静に評価し，積極的に利用していく方向で考えるべきである．

日本は，地球温暖化防止に関する京都会議での国際条約を果たすため，原子力，新エネルギーなどの非化石エネルギーの導入拡大を図ることを要請されている．今後，増え続けるエネルギー消費に対して，政府が省エネルギー政策を強力に進めても，2010年には原子力発電を7000万kW，現状の約1.7倍の規模にしないと，地球温暖化防止の国際条約も果たせないし，自国のエネルギーの供給も困難となる．

原子力発電のメリットは以下の通りである．
① 二酸化炭素，硫黄酸化物，窒素酸化物を出さない．
② 最初から再処理して，リサイクルする技術・システムが世界的に確立している．
③ 使用済み燃料は，もともと危険な放射線物質を含むので全量回収し，97％再利用できる．放射性廃棄物の量はごくわずかである．

原子力発電のデメリットは放射性廃棄物を出すことだが，その量は日本人1人当り1年に134gであり，生活廃棄物0.7トン，産業廃棄物3.3トンに比較して，ごくわずかな量である（表1.1）．安全性に十分注意して対応すれば，優れたエネルギーシステムといえる．

表 1.1 日本人1人1年間当りの廃棄物量[14]

一般廃棄物 0.7トン	産業廃棄物		放射性廃棄物	
	汚 泥	そのほか	低レベル	高レベル
	1.5トン	1.8トン	130 g	4 g
一般廃棄物と産業廃棄物の合計 4トン			高・低レベル放射性廃棄物の合計 134 g	

["環境白書(平成10年版)", "原子力白書(平成10年版)"]

ちなみに,火力発電は,化石燃料を燃やすことにより得られる化学反応のエネルギーを利用しており,例えば,表1.2に示すように,100万kWの発電所が1年間稼働すると石炭火力の場合,220万トンの石炭を燃焼し,600万トンの二酸化炭素と,12万トンの硫黄酸化物,2.5万トンの窒素酸化物,30万トンの塵埃を排出する.原子力発電は,火力発電とはまったく違う仕組み,ウラン原子の核分裂で発生するエネルギーを利用するので,燃料はわずか30トンあればよく,二酸化炭素,硫黄酸化物,窒素酸化物は発生しない.

◆ 原子力発電の原理

素粒子の世界では,アインシュタインがエネルギーと質量は形が変わっただけで等価であることを発見した.これが有名な相対性理論といわれるエネルギー・質量不変

表 1.2 100万kWの発電所が1年間運転した場合の燃料所要量および廃棄物発生量[15]

		燃料所要量(トン)	廃棄物発生量(トン)	
火力発電	石 油 140万		二酸化炭素 硫黄酸化物 窒素酸化物 塵埃	500万 4万 2.5万 2.5万
	石 炭 220万		二酸化炭素 硫黄酸化物 窒素酸化物 塵埃	600万 12万 2.5万 30万
	天然ガス (LNG) 100万		二酸化炭素 硫黄酸化物 窒素酸化物	300万 20 1.3万
原子力発電	ウラン 30		ウラン プルトニウム 核分裂生成物	28.8 (再利用) 0.3 (再利用) 0.9

1.7 地球環境問題からみた新・省エネルギー技術と原子力発電

の法則である．

$$E = mc^2$$

ここに，E：エネルギー，ジュール（J），m：物質の質量（kg），c：真空中の光の速度（m/s）＝3億 m/s（1秒間に地球を7回半まわる速度に相当する）

この法則によれば，たった1gの物質が全部エネルギーに変換されたと仮定し，発熱量9250 kcal/l の原油の約何キロリットルに相当するか計算すると，実に2300キロリットルとなる．

質量が小さくても光の速度の2乗が大きく効いてくるので，とてつもなく大きな数字になる．これこそが原子力発電が少しの燃料で大きなエネルギーを取り出せる秘密である．

原子力発電は，ウラン235の原子核（92個の陽子と143個の中性子のかたまり）に中性子を衝突させると，不安定な大きなウランの原子核が壊れてクリプトンやバリウムなどのウランと違った種類の安定した小さな原子核に割れて，その際，大きなエネルギーを放出する．これを核分裂反応という．その際，反応前のウラン235と衝突させた中性子を加えた質量と，反応後，核分裂により割れた原子核のかけら，粒子を全部集めた質量とを比較すると，反応後の質量がわずかであるが減る．この減った質量がエネルギーに変わる．

この減った質量から発生するエネルギーを計算すると，ウラン235の1gを核分裂させると，1日中1000 kW の電気が使える量になる．これを原油に換算すると約2.1キロリットルに相当する．

◆ 核融合発電の実用化見通し

核分裂のような原子核反応は，水素のような軽い二つの原子核がくっついて一つのより安定な原子核になる場合も起きる．このような反応を核融合反応という．

核融合にはいろいろな反応があるが，例えば，重水素だけを燃料にする核融合反応について考えてみると，重水素は水素の中に同位体として0.15％含まれているから，水1リットルの中に含まれている重水素をすべて核融合反応させたとすると，発生するエネルギーを石油に換算すると，70リットルに相当する．したがって，核融合発電の燃料資源量は地球全体の水の70倍の石油に相当することになり，ほぼ無限といってよい．

核融合反応は，互いに＋の電気を持ち電気的に強く反発する原子核をぶつけ合って核融合を起こさせるわけであるから，この強い反発力に打ち勝って核融合を起こさせ

るために太陽で起こっている熱核融合の方式が採用されている．例えば，熱核融合反応の場合，重水素と三重水素を加熱して，超高温状態にすると，激しい熱運動のため，原子核とそのまわりを回っている電子が分かれて，＋の電気を持った原子核と－の電気を持った電子がバラバラの状態（これをプラズマ状態と呼ぶ）になり，重水素と三重水素の原子核（イオン）同士が衝突し，二つの核が融合する．このような核融合反応を熱核融合反応といい，熱核融合反応を起こす条件を臨界プラズマ条件といっている．

臨界プラズマ条件（ローソンの条件とも呼ばれる）は，温度とプラズマの密度と閉じ込め時間の積が次の値以上でないと核融合反応が起こらないという臨界条件を示す．

① 二重水素と三重水素反応の場合

約 1～30 億°C，プラズマの密度と閉じ込め時間の積が 10^{20}～10^{21} s/m³．

② 三重水素と三重水素反応の場合

約 2～10 億°C，プラズマの密度と閉じ込め時間の積が 10^{21}～10^{22} s/m³．

核融合に関しては，日本を含む先進国がかれこれ 40 年研究開発を進めているが，現在最も進んでいるレーザーを用いた核融合の研究では 1 億°C，10 億分の 1 秒が達成されたが，まだ臨界プラズマ条件には達していない．

今後の計画として，臨界に達した後，外部からエネルギーを注入することなく，核融合状態が持続的に維持できる条件（自己点火条件）を確認するための実験炉の設計が，日本，アメリカ，ヨーロッパ，ロシアの共同で進められており，この実験炉が運転を始めても，20 年間実験が続けられる予定である．さらに経済的，社会的に成り立つことを実証するのに 40～50 年はかかると思われるので，実用化はかなり先の話であり，現在生きている人がその恩恵に浴することはまず無理であろう．

また，核融合発電は放射性の三重水素（トリチウム，半減期 12 年）を多量に扱うこと，核融合反応のとき放出される大きなエネルギーを持つ中性子（強い放射線の一種）に衝突した物質から二次的に誘導放射線が出るので，完全にクリーンとはいえない．これらに対する防護対策，環境や生物に対する影響についての研究も今後の大きな課題である．

参 考 文 献

1) 通産省,"エネルギー'98",電力新報社 (1998).
2) 秋吉祐子,エネルギー・資源, **15**(16), (1994).
3) 岩坂泰信,"オゾンホール",裳華房 (1997).
4) エネルギー教育研究会編著,"現代エネルギー・環境論",電力新報社 (1997).
5) 犬飼英吉,"エネルギーと地球環境",丸善 (1997).
6) 綿抜邦彦,"地球―この限界―",オーム社 (1995).
7) 三島良績,"わかりやすい原子力",㈶原子力文化振興財団 (1991).

図 表 の 出 所

1) 通産省編,"エネルギー'97", p.62,電力新報社 (1997).
2) 電力中央研究所地球環境研究グループ,"地球を守るテクノロジー", p.37,プラネット (1992).
3) 日本原子力文化振興財団,「原子力」図面集, p.56 (1998).
4) 3)の p.60.
5) 環境庁,"環境白書(平成5年版)", p.23.
6) 木村龍治,"生きている地球", p.112,核燃料サイクル開発機構 (1999).
7) 東京大学海洋研究所編,"海洋のしくみ", p.33,日本実業出版社 (1997).
8) 3)の p.61.
9) 3)の p.67.
10) 3)の p.70.
11) 環境庁,"環境白書(平成10年版)", p.410.
12) 市川陽一,水利化学, **24**(3), (1998).
13) 3)の p.68.
14) 日本原子力文化振興財団,「原子力」図面集, p.173 (1998).
15) 鈴木篤之,"原発と人間", p.212,省エネルギーセンター (1988).

2 地球の構造

　地球の構造を知るには，まず地球が宇宙の中でどのようにして誕生し，進化してきたかを知る必要がある．

　地球の誕生は，いん石の分析，地上での天体観測，近年では人工衛星を利用した大気圏外からの天体観測，あるいは天体に探査機を着陸させ観測した結果から推定されている．

　特に，遠くの星の誕生，進化などの天体現象の観測は，宇宙の遠いところで起こった現象を，宇宙空間を長い時間かかって伝わってくる光を通して見ているわけで，つまり時間をさかのぼって，昔の宇宙空間での現象を見ていることになるので，大昔に起こった地球の誕生と進化の過程を解明する糸口となる．

　天体から放射されているX線，光，電波[*1]は，地球を取り巻く大気の酸素分子，窒素分子，水蒸気，二酸化炭素，成層圏のオゾンなどに吸収され，地上には，光と波長1cm～15m程度の狭い範囲の電波しか届かないことから，従来の地上からの観測は，「光の窓」から光学望遠鏡により，「電波の窓」から電波望遠鏡により宇宙を見ているに過ぎず，限界があった（図2.1）．近年の宇宙技術の進歩により大気圏外からの天体観測，天体探査機による観測が可能となり，それらの観測データから得られた知見は，地球科学の未知分野の解明に大きく貢献している．

　地球の内部はどうなっているのか．人間が掘削した孔は，ロシア北西部にあるコラ半島で1990年13000mに達したのが最深記録である．このほか，アメリカのモホール計画と呼ばれるプロジェクトで，地殻の薄い（5km）海底に掘削孔をあける計画が実施されたが，地殻を突き破るには至らず計画は断念された．今のところ，深い地球の

---

　*1　1932年アメリカのジャンスキーが銀河系の中心方向からの電波を発見して以来，電波望遠鏡による天体観測技術の発達により，従来の光学望遠鏡では解明できなかった銀河系の構造も解明されてきた．

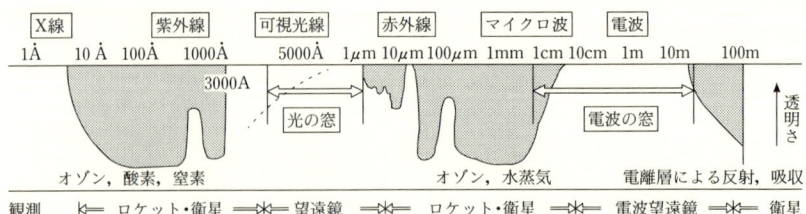

図 2.1　大気の透明さ[1]
可視光線と電波の一部だけが地上に達する．
Å：オングストローム，$1\,\text{Å} = 10^{-10}\,\text{m}$

内部構造を直接調べることは難しい．そこで地震波の伝わり方から，最近では世界中の過去の地震波による地震波トモグラフィー（断層図，詳細は3.5で述べる）により地球の内部構造が推定されている．

これらのデータによると，地球の内部構造は，鉄とニッケルの高温超高圧の金属質の塊（核）を中心にして，そのまわりを高温高圧の岩石質のマントルが包み，最上層部は土質の地殻で覆われている．金属の溶融した塊を断熱材でくるみ，その上を紙で包んだような三層構造をしている．また，地殻の上の大陸は，マントルの上に氷山のように浮かんでいる状態である．

2.1　宇宙のはじまり

(1)　天体表面の構成物質の判別と表面温度の測定方法

太陽や星の光は分光器（例えば，プリズム）を通すと，波長によって屈折率がわずかに異なるため，スクリーン上に赤から紫まで連続した虹のような色の帯（連続スペクトルという）が映し出される．この連続スペクトルの中に見られる多数の暗い線や，明るい線を線スペクトルという．暗い線は，原子が光を吸収してより高いエネルギー状態に移る（これを遷移という）ときに現れるので吸収スペクトルと呼ぶ．一方，明るい線は，逆に原子が高いエネルギーの状態から光を放って低いエネルギーの状態に移る（これも遷移という）ときに現れるので，これを輝線スペクトルと呼ぶ．これらの吸収および輝線スペクトルが現れる位置は，原子，分子やイオンにより特有の位置なので，その位置から天体表面の構成物質を判別することができる．

また，波長（色）ごとのエネルギーの強さを表したスペクトルの分布型は，温度が高くなると，エネルギーの強さが大きくなり，最強波長は短い方（紫色側）へずれる．例えば，鉄などを熱すると，はじめは赤くなるが，さらに高温になると，青白く光っ

て見えるようになるのと同じ現象である．したがって，そのスペクトルの分布形から天体の表面温度もわかる．

(2) 宇宙のはじまり

銀河の諸天体の光を分光観測し，輝線スペクトルあるいは吸収スペクトルを調べてみると，すべての天体において，その固有の位置より波長の長い方へずれる．このような現象を赤方偏移という．これは光のドップラー効果[*2]によるものと考えられ，すべての銀河が遠ざかっていることを示している．また，遠い銀河ほどその距離に比例して遠ざかる速度が速い．

1940年代末にロシア生まれのアメリカ人ガモフは，すべての天体に赤方偏移現象が見られるという天体観測の結果に基づいて，これを過去にさかのぼって推論し，一つの仮説を提唱した．この説が，以下に述べる，現在最も信じられている宇宙誕生説であり，宇宙膨張論と呼ばれている．

宇宙は真空の高温，高密度の1点から大爆発ビッグバン（big bang，爆発に伴う大音響というニュアンス）を起こし，インフレーションと呼ばれる急激な膨張をしており，今から120億年から180億年前に誕生した．そして，宇宙は今も一様，一定，等方向に膨張し続けている過程にある．

2.2 地球を含む太陽系諸天体の誕生
——地球はどのようにして宇宙に生まれたか——

(1) 地球を含む太陽系諸天体の誕生

宇宙が誕生してから10億年ほどで，4000億個程度の星が広がる天の川銀河が誕生したと考えられている．このような銀河は，宇宙には1000個くらいあるといわれている．地球が属している太陽系の諸天体は天の川銀河に属しており，この銀河が形成されてから太陽系の諸天体が誕生した．

新星爆発などにより宇宙空間に放出されたガスやちりは，万有引力[*3]により凝集し濃密な星雲となる．収縮する動きの中で，星雲は卓越する向きに回転し始め，やがて円盤状となる．そのうちに次第に回転が速まって中心部に大量のガスやちりが集まり，原始太陽が誕生した．地球をはじめとする太陽系の諸天体は，太陽を中心に円盤状に回転するちりやガスの運動の乱れから，あちらこちらに生じた物質の粗密の塊であり，

[*2] 音，光（電磁波）を放出する物体が近づいてくるとき，この波長が短い方（紫の側）へずれ，遠ざかるときは波長が長い方（赤の側）へずれる．このような現象をドップラー効果という．

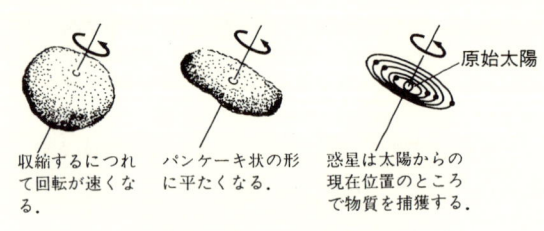

図 2.2　太陽系の形成のプロセス[2]

それらの塊の1つが地球のもととなったと考えられている（図2.2）．

さらに，この原始地球に鉄，ニッケルなどの金属質の微惑星，いん石が衝突合体を繰り返し，雪だるま式に大きくなった．質量が大きくなると，地球の万有引力も大きくなり，地球に衝突したときに破砕し，飛散して地球のまわりの宇宙空間に浮遊していた岩石質の飛散物を取り戻し，さらに大きくなったと考えられている．

微惑星，いん石が地球と衝突したとき，その運動エネルギーが熱エネルギーに変わり，当時の地球は，表面の物質が溶融され，高熱のマグマの海（マグマオーシャン）となっていたと考えられている．このマグマオーシャンに覆われた地球は，さらに後からとび込んできた微惑星，いん石を取り込み，融合し，大きくなり，今からおよそ46億年前に誕生したと考えられている．

いん石の衝突の痕跡であるクレーターは，地球には大気，水があるため，風化したり，浸食されたりして，現在では，アリゾナ砂漠のような特殊な気象条件の場所でしか原形を明確にとどめているものは見られない．しかし，1988年現在，人工衛星による大気圏外からの観測で126個のクレーターの痕跡が発見されている．水星，火星，月では，太陽系が形成された46億年から10億年後までの間に形成されたクレーターがそのまま見られる．これらは地球の誕生や生い立ちを調べる上で貴重な痕跡である．

(2)　地球と太陽系の諸天体の位置関係と大きさ

太陽系は，太陽を中心として，運動している天体群であり，太陽からの万有引力の及ぶ宇宙空間に存在している．

---

*3　宇宙空間に浮遊しているすべての物体には相互に引力が働いている．これを万有引力という．例えば，地球上で物を落とすと，必ず地面に向かって落ちる．これは物体と地球の間に引力が働いているからである．地球上の物体と地球の間に働く力の大きさは，万有引力の法則に従い，物体の質量と地球の質量とをかけた値に比例し，両者の距離，すなわち地球の半径の2乗に反比例する．地球の重量，半径（表2.1参照），比例定数（万有引力係数とも呼ばれる）はいずれも既知の値なので，これを計算した値を重力の加速度 g という．地球上の物体に働く力は，その物体の質量に g を掛けた値に等しい．g の値は地球上では約 980 cm/s^2 で，単位は重力研究の先駆者として著名なガリレイ（Galilei）名をとって gal（ガル）と呼ぶ．

2 地球の構造　27

表 2.1　太陽系惑星の諸元

惑星	質量(地球=1)	赤道半径(千km)	平均密度(t/m³)	表面重力(地球=1)	太陽から受ける放射量(地球=1)	公転周期(地球時間年)	自転周期(地球時間日)	大気の主化学組成*3	本体表面温度圧力*4
水星	0.055	2.44	5.4	0.39	6.7	0.241	58.6		400℃以上 真空に近い
金星	0.815	6.05	5.2	0.91	1.9	0.615	243	CO_2	400℃以上 100気圧
地球	1*1	6.38	5.5	1	1	1	1	N_2, O_2	0〜20℃, 1気圧
月*2	0.012	1.74	3.3	0.17	1		27.3		−170〜+100℃
火星	0.107	3.40	3.9	0.38	0.43	1.88	1	CO_2	−76〜−12℃, 6.8 mb*5
木星	318	71.4	1.3	2.6	0.037	11.86	0.41	H, He −CH_4 −NH_3	
土星	95	60	0.7	1.1	0.011	29.46	0.44		
天王星	14.5	25	1.3	0.9	0.0027	84.02	0.65		
海王星	17.2	25	1.6	1.2	0.0011	164.77	0.77		
冥王星	0.002	1.15	2 ?	0.04	0.0006	247.83	6.4		

＊1　地球の質量＝5.977×10^{21}トン
＊2　月は太陽の惑星ではなく，地球の衛星である．
＊3　CO_2：二酸化炭素，N_2：窒素，O_2：酸素，H：水素，He：ヘリウム，CH_4：メタン，NH_3：アンモニア，いずれもガス．
＊4　大気圧は10^{-5}mb：10万分の1ミリバール，1気圧は1013ミリバール
＊5　1997年7月，火星に着陸したアメリカの探査機マーズパスファインダー号のデータによる．

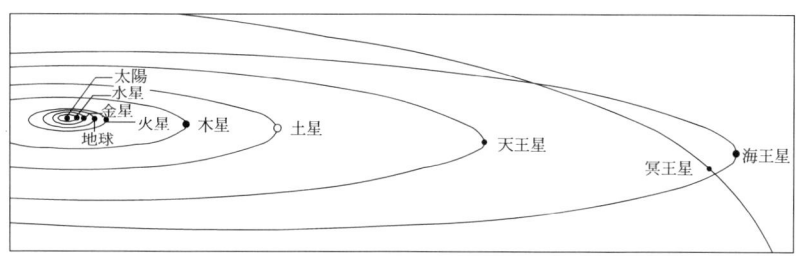

図 2.3　太陽系のモデル[3]

28   2.3 宇宙の万物はすべて同じものからできている

　地球を 1 cm の球と仮定すると，太陽は 1 m であり，両者の距離は約 100 m である．
実際の直径は，地球 12 800 km，太陽 140 万 km であり，両者の距離は 1 億 5 千万 km
（光で 8 分かかる．光の速度は毎秒 30 万 km）である．

　太陽系には，太陽に近い順に水星，金星，地球，火星，木星，土星，天王星，海王星，冥王星 9 つの惑星と月をはじめ多数の衛星が存在する．9 つの惑星は太陽赤道面から大きく外れない公転軌道上を同じ向きに運動している．また金星を除きすべてが北極から見て反時計方向に自転している．

　火星の公転軌道の内側，太陽に近い地球，金星，水星は大きさは小さいが，密度は大きい．一方火星の公転軌道の外側，太陽から遠くにある木星，土星，天王星，海王星は，地球に比べて，大きさははるかに大きいが，密度は小さく，水とあまり変わらない．土星などは平均密度 0.7 であり，水より軽い．しかし，冥王星は月より少し小さい程度の天体である（表 2.1，図 2.3）．

2.3　宇宙の万物はすべて同じものからできている

　太陽系諸天体をつくっている原料物質が宇宙のちりとガスの凝縮であれば，すべて同じような元素からできていると考えられる．実際にこれまでの天体観測，いん石の分析結果，および人工衛星により打ち上げられた天体探索機の採取試料の分析結果によれば，宇宙のすべての物質は，地球上に存在する約 100 種類の元素（同一原子番号を持つ原子の集合名詞）と呼ばれる物質からできており，それ以外の元素は発見されていない．また，これらの元素は，星くず（星が爆発したときのかけら，ちり）として，元素単体，化合物の状態で，あるいは原子がバラバラになり，陽子，α 粒子，電子などの荷電粒子の高温ガス（プラズマ）の状態で宇宙に存在している．

　太陽系諸天体は，全般に原子核が安定な原子ほど多量に存在する．また，水素，ヘリウムで太陽系全体の原子数の 99.9 % を占めており，原子番号が大きくなるに従って指数関数的に急激に存在度が減少する．

　太陽の光球の温度は 6 000 K[*4]，コロナの温度は 200 万 K の超高温であり，太陽の表

---

　*4　われわれが日常で使用している温度計は摂氏温度で，水の氷点を 0 度として沸点を 100 度として，その間を 100 等分したものである．K は絶対温度の度数を表し，ケルビンと呼ぶ．物質が熱振動を停止している状態を 0 度（0 K）として，摂氏温度の目盛り間隔をそのまま流用した温度表示である．0 K と書きゼロケルビンという．0 K°とは書かないので注意を要する．0 K は摂氏温度に換算すると，-273.15°C に等しい．したがって，絶対温度は摂氏温度に 273.15 を足した値となる．K はイギリスの物理学者ケルビンが導入したので，その名にちなんで付けられた単位名である．

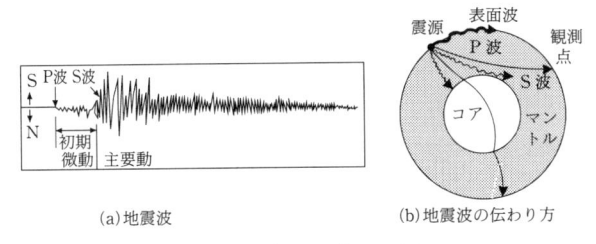

図 2.4 地震波とその伝わり方[4]

面のすべての物質はガス化していると考えられる．これらの超高温のガス化した物質は，地球上から分光観測できるが，この分析結果と地球の化学組成を揮発性元素を除いて比較すると，太陽表面の物質と地球の元素存在度がよく一致する．このうちで多いものは酸素，マグネシウム，ケイ素，および鉄の4元素であり，この4元素だけで地球の元素存在度の90％以上になる．

現在，地球に存在するヘリウム，ネオンなどの希ガスは，揮発性元素であるが，地球生成期，地球の固体物質の中に含まれていたものと考えられている．酸素は気体としても存在するが，地球生成期，金属元素を酸化しやすいので，金属酸化物として地球に残った．現在の大気中の酸素は，地球上に生物が誕生し，太陽光と二酸化炭素による光合成の結果，放出された酸素が大気中に蓄積されたとものと考えられている．

つまり，地球は太陽に引っ張り込まれずにその周りをまわっていた星雲ガスの中の固体微粒子だけを集めてつくられ，これに含まれていた水素，ヘリウムなどの揮発性元素が，太陽に近い地球型惑星（水星，金星，地球，火星）にだけ共通して存在しないことから，太陽系諸天体の生成期に，太陽表面の爆発などの原因により吹き飛ばされたのではないかと考えられている．

2.4 地球の内部構造

(1) 地震波による地球内部構造の推定

宇宙のガスやちりが凝集してできた地球の内部構造はどのようになっているのか．地球の内部構造は，過去に発生した地震波の伝わり方からかなり詳しく調べられている．地震計の波形を調べてみると，図2.4に見られるように，次のような3種類の波動が見られる．

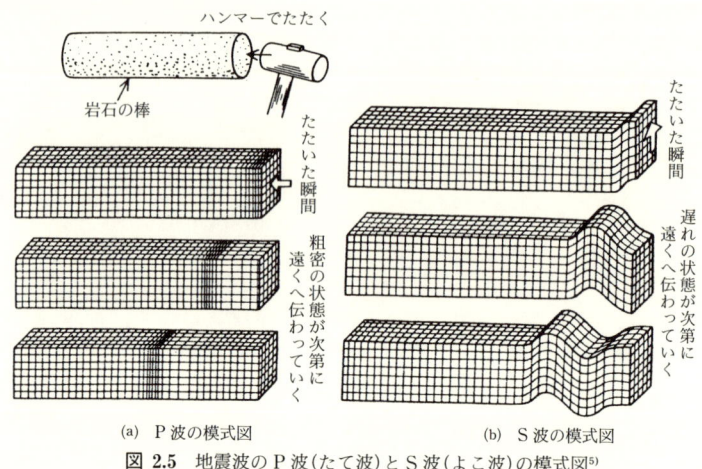

(a) P波の模式図   (b) S波の模式図
図 2.5 地震波のP波(たて波)とS波(よこ波)の模式図[5]

① 最初に振幅が小さく，周期の短い波が現れる．
② その後，急に振幅が大きく，周期も長いものが現れる．
③ 次に，より振幅の大きい，周期の長いものが強弱を繰り返しながら減衰していく．

①の波動をP波といい，P波は，図2.5(a) に示すように媒質の体積の変化が波の進行方向に伝わるものでたて波という．この波は，気体，液体，および固体の中を伝わる．

②の波動は，S波といい，図2.5(b)に示すように，S波は媒質のねじれが波として伝わるもので，波の進行方向と垂直に震動するよこ波である．S波は固体の中だけしか伝わらない．

③の波動は，媒質の表面を伝わる波であり，表面波という．表面波の振幅は深さと共に急激に減衰する．

このように地震波に含まれている波の伝わり方により，媒質が固体か液体かが判別できる．また，波の速度が最も速いのはP波であり，P波が地表付近の岩石中を伝わる速度は5〜7 km/sであり，S波が3〜4 km/s，表面波が約3 km/sである．波の速度は，媒質の密度や弾性などにより決まるので，媒質の密度，温度，地質などが推定できる．

(2) **地球の内部構造**（表2.2，図2.6）

地震波の伝わり方から地球の内部は不連続の三層構造であり，各層の間には，明確

表 2.2　地球の内部の物理的諸元と化学組成

項目	地殻		マントル		コア		全地球
			上部	下部	外核	内核	
重量比(％)	1		68		31		100
密度(g/cm³)	2.7		3～6		10～17		5.5
厚さ(km)	大陸部 30～40	海洋部 6～7	深さ 100～670 / 2900	670～2900	2200	1300	6400
状態	固体		固体	固体	液体	固体	
温度(K)	20℃/km		1600～4000		5000～6000	中心部 6900 (±1000)	
圧力(万気圧)			1～140		140～300	中心 360	
化学組織(％)	ケイ素と酸素が多く，55％がSiO₂として存在 酸素　　　47.4 ケイ素　　30.5 アルミニウム 7.8 鉄　　　　3.5 カルシウム 2.9 ナトリウム 2.8 カリウム　2.5 マグネシウム 1.4 など		ケイ酸塩物質として存在 酸素　　　43.7 ケイ素　　22.5 マグネシウム 18.8 鉄　　　　9.9 カルシウム 1.7 アルミニウム 1.6 など		核は9割鉄，1割ニッケルの鉄合金 鉄　　　　86.3 ニッケル　7.4 そのほかに 硫黄　　　5.9 コバルト　0.4		

な境界線があり，連続的に変化していないことが分かる．地殻とマントルの境界線は，発見者であるユーゴスラビアのモホロビチッチの名にちなんで，モホロビチッチ不連続面（モホ面ともいう）と名づけられている．マントルと外核の境界線はグーテンベルグ面，外核と内核の境界線はレーマン面と，いずれも発見者の名をとり命名されている．

　核，マントル，地殻の地球全重量に占める割合は，核が31％，マントルが68％，地殻が1％で，また密度は核が10～17 g/cm³で金属的性質を持ち，マントルが3～6 g/cm³で岩石的性質，地殻が2.7 g/cm³で土質的性質を持つ．

　① 核（コア）　地球の中心部には，鉄を主としニッケルを含む金属合金の核があり，核はさらに高温超高圧の柔らかい固体の内核と，その外側を同成分の高温超高圧でさらさらとした水のような液体の外核からできている．この液体は1時間に10 cm程度のゆっくりした速度で対流していると推定されている．この対流により核が冷却していき，中心部の温度が鉄の融点より低くなって固体の鉄が析出し，これが内核と

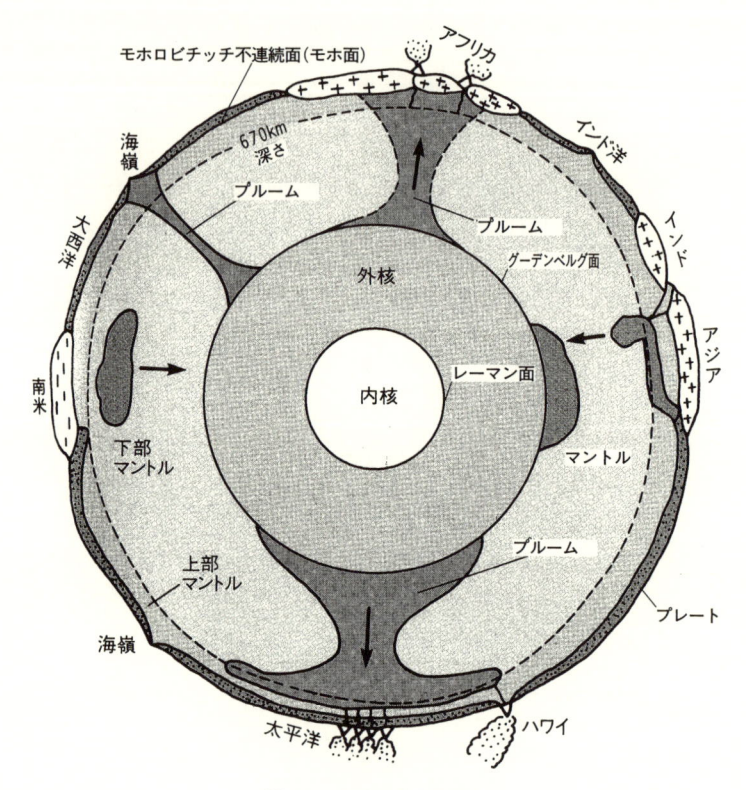

図 2.6 地球の内部構造[6]

なったと考えられている．現在，内核の半径は約 1 300 km あり，外核の半径は 2 200 km である．このまま冷却が進んで，核全体が固体となるには，今までの地球の歴史 46 億年の 10 倍はかかると推定されている．

また，この外核の金属の液体に電流が流れており，その金属液体の流体運動によって地球磁場が形成されていると考えられている．

② マントル　核の外側には，マントルと呼ばれるケイ素，酸素，マグネシウムを主成分とする岩石層が取り巻いている．マントルは，上部層（深度 100～670 km）と下部層（深度 670～2 900 km）とで性質が大きく異なる．

上部マントル層は，マグネシウムに富むかんらん岩，輝石，ざくろ石より成り，その上部は柔らかく，粘り気が強いある液体（粘弾性体）となっており，ゆっくりと対流している．この流れやすい層を岩流圏（アセノスフェア）と呼んでいる．

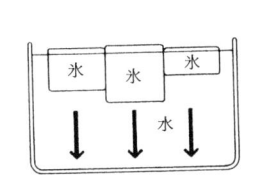

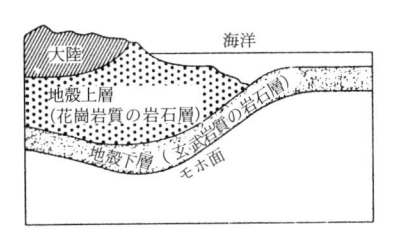

図2.7 地殻の均衡（アイソスタシー）[7]

　下部マントル層では，高温超高圧のため，岩石の結晶構造が変わり，原子がより密接に結合した高密度で，ち密な結晶構造に転移している．

　マントルは固体であるが，長期的には重みでくぼんだり，1年に数cmの熱対流で動く流体の性格も持ち合わせており，地球の進化にかかわるような数100万年の変動に対しては，対流運動を起こす流体と考えられている．

　③ プレート　マントルの外側には，流れにくい岩盤の層があり，これを岩石圏（リソスフェア），あるいはプレートと呼んでいる．プレートはマントルの熱対流に乗って，年間5〜10cm動いている．また，プレートは海洋部と大陸部で組成上大きな違いがあり，海洋プレートは玄武岩[*5]から，大陸プレートは花崗岩からできている．玄武岩は花崗岩より重いので，重い海洋プレートは軽い大陸プレートの下にもぐり込み，下部マントルにまで達し，そこで滞留していることも，後述する地震波トモグラフィーにより分かってきた．

　④ 地殻，あるいは大地　プレートの上に堆積物が溜まったものを地殻，あるいは大地と呼んでいる．

　地殻は固体であり，厚さは大陸では平均30〜40kmと厚く，海洋では平均6〜7kmと薄い．また，地殻の上に乗った海洋と，地殻の一部をなす大陸があたかもマントルの上に浮かんでいるような形になっており，ちょうど氷山が海水に浮かんでいるのと似ている．このような状態をアイソスタシー（地殻の均衡）と呼んでいる（図2.7）．

(3)　**地球内部の温度，圧力，密度，化学組成**

　① 地球内部の温度，圧力，密度　地球の内部の温度，圧力は直接測定できないので，地震波のデータを分析したり，理論的に推定したり，あるいは超高圧実験装置によって深さ400kmの上部マントルと下部マントルの中間の温度，圧力に等しい状態

---

　*5　マグマが冷えると，玄武岩ができるが，地下深部で再び溶融するとき，一緒に海水が取り込まれていると，花崗岩ができる．花崗岩は隙間だらけの岩といってもよいほどで，サイズの大きな元素，特にウランなどの放射性元素が中に取り込まれていることが多い．

を再現して推定されている．これらの推定結果から，核とマントルの境界あたりでは3000～5500 K，その温度が内核と外核の境で融点と交差する，中心部は約360万気圧，温度は6900 K（±1000 K）と推定されている．

◆ 天然ダイヤモンドは，地下150～350 km で地圧と地熱により炭素の結晶構造が変わることにより生成されることが知られているが，1955年，米国GE社が，超高圧容器内に黒鉛ヒーターを設置し，圧力5万気圧のもとで，温度1200～3000℃程度に加熱し，炭素に鉄などの金属触媒を添加し，人工的にダイヤモンドを造ることに世界で初めて成功した．このことから地下150～350 km の温度圧力が推定できる．

② 地球内部の化学組成　　地球をつくる元素は，表2.2に示すように，地殻とマントルには，酸素とケイ素の存在量が多い．これらの元素は，ほとんどのものが酸化物の形で，鉱物，岩石の中に取り込まれているが，そのうち SiO_2 が地殻で約55％，マントルで約45％を占めている．地殻は軽い金属であるアルミニウムが多く，マントルは鉄やマグネシウムのような重い金属が多く存在している．核は鉄，ニッケルのような金属であり，酸素やケイ素は含まれていない．これは，地球の生成期，高温のマグマオーシャンが天然の溶鉱炉のような作用をして，重い金属が下部に沈み，ケイ酸塩のような軽い物質が上部に浮き，物質が分離したものと思われる．ウランも，このときマグマオーシャンの底に沈み，多孔質の花崗岩の中に取り込まれたものと考えられている．

2.5　地球を包む大気の構造

地球の周りは，大気が重力によって引きつけられ，地表の近くに大気が充満し，上空に行くほど薄くなる．人工衛星により，地表から数万 km まで希薄な大気が存在し，地球の自転と共にまわっていることが観測されている．大気圏の鉛直構造と温度，気圧は表2.3，図2.8の通りである．

大気が充満している対流圏の厚さは，地球の半径約6400 km に対して，わずか約10 km と極めて薄く，無限の空間ではない．地球を直径約1 m 30 cm の球に例えると，1 mm の厚さである．

大気の重量は，1 cm^2 当り約1 kg であり，われわれを含めた地上の物体や，地表を押さえつけている．この圧力を1気圧と呼んでいる．

表 2.3 大気圏の鉛直構造と温度，気圧など

圏 名	高度（概数）	特 徴（概数）
対流圏	11 km まで	気圧は高度 15 km ごとに約 1/10 になる． 温度は 0.6〜0.7℃/100 m の割合で低下し，高度 11 km で −56℃．
成層圏	11〜50 km まで	温度は低く，等温の後，0.2〜0.3℃/100 m の割合で上昇，高度 50 km で −2.5℃． 高度 10〜50 km では，酸素が太陽光の紫外線を吸収し，オゾンをつくり，オゾン層を形成している．
中間圏	50〜80 km まで	0.2〜0.3℃/100 m の割合で低下，80 km で −75℃．
熱圏と電離層	80〜500 km まで	急激に上昇し，高度 200 km で約 600℃． 太陽からの X 線，紫外線により，空気がイオン化し，電子密度の高い電離層を形成している． E 層　高度 100 km　4 MHz 以下の中波を反射 F 層　高度 250 km　4〜15 MHz の短波を反射，昼間は次の 2 層に分かれる． 　　　F_1 層　高度 200 km 　　　F_2 層　高度 300 km 日中に限り，高度 60〜70 km に波長の長い電波を反射する D 層が生じる． オーロラは高緯度地方で高度 100〜1 000 km に現れる． 流星は，高度 120〜80 km で発光，高度 80〜50 km で消滅する．
外圏	500〜数万 km まで	急激に温度が上昇，500 km で約 700℃以上． 南北に穴のあいた地球を囲む二重のドーナツ状の強い放射能帯（バン・アレン帯）が存在する．

（1）現在の大気はどのようにしてできたか

　地球生成期，マグマオーシャンが地球を覆っていた時代の大気は，現在の大気とは大きく異なっていたと考えられている．すなわち，微惑星が地球衝突と同時に放出するガスと，激しい火山活動のため噴出されるガスが集まったものであり，水蒸気，一酸化炭素，窒素，水素から構成されていたと推定されている．水蒸気は，大陽の強い紫外線により，水素と酸素に分解し，一酸化炭素を酸化して二酸化炭素にした．水素は軽いので宇宙空間に逃げたと考えられる．

　やがて，地表が冷えて，雲となっていた水蒸気が雨となって，地球表面に降り注ぎ，海が誕生した．海が誕生すると，大気中の二酸化炭素は海に溶けて，急激に減少した．

　酸素が増え始めたのは，約 27 億年前に光合成生物が誕生してからである．海水中に誕生したシアノバクテリアの集落であるストロマトライト（海藻の祖先）が，海水中に溶け込んでいた二酸化炭素と水から光合成により有機物を合成した際，酸素ガスを海水中に放出したことによる．この酸素ガスにより，陸地から海に流れ込んでいた鉄分は酸化沈殿し，海底に堆積した．現在，日本が輸入している鉄鉱石の世界一の産地

2.5 地球を包む大気の構造

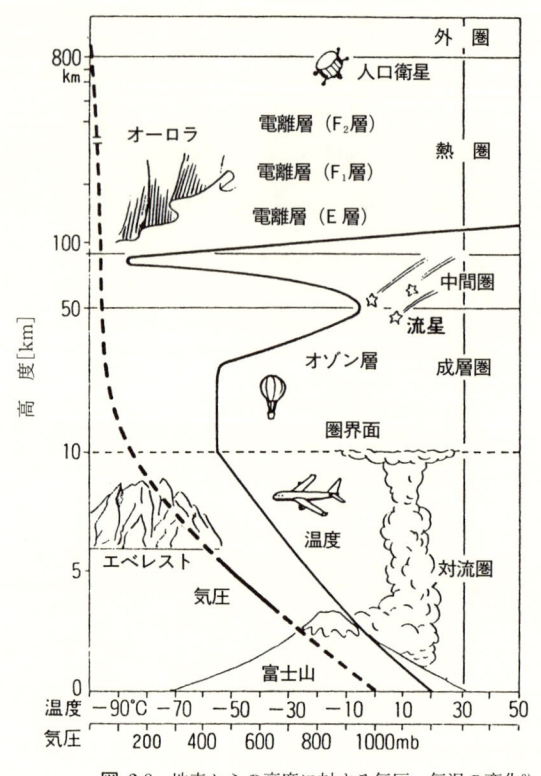

図 2.8 地表からの高度に対する気圧，気温の変化[8]

であるオーストラリアのハマスレーの鉄鉱床はこのようにして形成されたと考えられている．

また，海に溶けた二酸化炭素は，岩石から溶出したカルシウムと反応して炭酸カルシウムとなって海底に沈殿したり，光合成生物の出現により吸収されたり，サンゴ礁，貝殻（いずれも炭酸カルシウム）となって海中に固定された．これが地殻変動により陸地となり，日本では秋吉台に見られるような石灰岩（セメントの原料，二酸化炭素を約44％含む）の鉱床となったと考えられている．これらの石灰岩の中に，クズリナ，サンゴ，アンモナイトなどの海底生物の化石が入っていることが，これら石灰岩が大昔，海底にあったと考えられる証拠である．

やがて，酸素ガスは海からあふれ出て，大気に蓄積した．地球の大地表面は，その放出された酸素ガスによって酸化され，地球表面は一面の赤茶けた大地となった．さらに余った酸素ガスは上昇し，大気上層で紫外線を吸収しオゾン（O_3）となった．酸

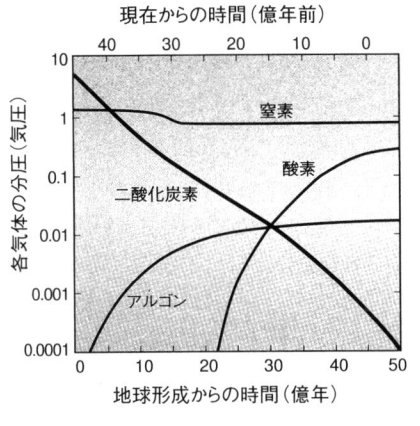

図 2.9　大気組成の変化[9]

素の量がさらに増えると，オゾンの量も増え，地上 20～60 km の成層圏上空にオゾン層が形成された．オゾン層が紫外線を吸収するので，地上の紫外線は弱くなり，この結果，紫外線を避けて海の中に誕生した生物は，約 4 億 2 千万年前に海から陸へ上がることができたとされている．現在の大気中の酸素濃度は，生物の光合成による生産と，物質を酸化することによる消費とのバランスの結果，約 20 ％ となった．このように，二酸化炭素と酸素は生物の進化と深く関わっている．

つまり，地球生成期の大気の主要成分の水蒸気は海水となり，二酸化炭素は海水に吸収され，窒素はそのまま残り，酸素は前述したように生産と消費の均衡がとれ，今日の大気組成となったと考えられる（図 2.9）．

(2)　対流圏

地球に降り注ぐ太陽の放射エネルギーは，大気を透過し，地表面で吸収され，地表面を暖める（標高が高くなると大気温度が下がるのは，大気は地表面からの放射により暖められているからである）．暖められた地表付近の大気は，周りの熱を奪って膨張して軽くなり，上昇気流となる．高度を増すに従って，温度が下がり，高度約 10 km で冷えて体積が収縮して重くなり，上昇が止まり，下降する．このように高度 10 km までは，対流により上下に，地球の自転により水平方向に激しく動き，大気がよく混合している．この大気領域を対流圏と呼んでおり，大気のほぼ 90 ％ は，地表高約 15 km 以下に存在している．

この大気の動きに水蒸気が混じっていると，高空で水蒸気が冷えて水滴あるいは氷の粒となり雲となったり，雨，霰（あられ），雪になり地表に降る．

初期の公害対策は，大気空間を無限と考えて，煙，排ガスなどの廃棄物を拡散希釈させる方法，例えば煙突の高さを高くするなどの方法で対処していたが，対流圏の厚さは，地球の半径 6400 km に対して，わずか 10 km と前述したように，リンゴの皮と同じ程度であり，大気空間は，われわれが考えていたほど広くなかった．

1.2 で述べたように，地球は太陽光によって温められ，地球が熱源となって，宇宙へ赤外線を熱放射している．このとき対流圏の大気中の温室効果ガスが光のような波長の短い電磁波は通すが，赤外線のような波長の長い電磁波は通しにくい性質を持っているので，地球は適度に温められて，今日のような自然環境を維持している．

(3) 成層圏，オゾン層

成層圏に，太陽光の紫外線を吸収し，酸素から大量のオゾンをつくる層が形成されている．これをオゾン層（高度約 10〜50 km）と呼ぶ．地球上の生物がつくりだした酸素が対流圏から上空に拡散し，成層圏に達すると，紫外線にさらされる．

酸素原子 2 個から成る酸素分子に $0.28\,\mu m$（ミクロン，1 mm の 1/1000，ちなみに人間の毛髪の太さは約 $200\,\mu m$）より波長の短い紫外線（UVC）が当たると[*6]，そのエネルギーを吸収することにより，酸素分子の結合が切れて 2 個の反応活性の強い酸素原子に分解され，まわりの酸素分子と結合し，オゾンをつくる．

$O_2 + 紫外線 \longrightarrow O + O$（反応活性の強い酸素原子の生成）

$O + O_2 \longrightarrow O_3$　オゾン生成

しかし，一方では，このオゾンは波長が $0.32 \sim 0.28\,\mu m$ の紫外線（UVB）のエネルギーを吸収して分解し，元に戻り酸素原子と酸素分子になる．

$O_3 + 紫外線 \longrightarrow O + O_2$（反応活性の強い酸素原子と酸素分子の生成）オゾン消滅

このため，オゾンの生成と消滅が平衡している．

オゾン濃度はおよそ高度 20 km ぐらいのところで最大となる．この理由は，これより上空に行くと，原料の酸素分子が減って，逆に下へ行くと，紫外線の量が減ってオゾンの生成量が少なくなるからである．

このオゾン層のおかげで，有害な紫外線[*6]を避けて海中に誕生，生息していた地球

[*6] 紫外線は，生物にとって有害であり，皮膚ガンのもとになるといわれている．紫外線の生物への影響は波長により違うので，波長の長い順に UVA ($0.4 \sim 0.325\,\mu m$)，UVB ($0.325 \sim 0.285\,\mu m$)，UVC ($0.285 \sim 0.24\,\mu m$) と三つに区分して研究されている．このうち生物の遺伝子を傷つけたり，人体に害を与えるのは波長が 320 nm より短い紫外線 B 波である．オゾンに吸収される紫外線もこの B 波であり，オゾン層が薄くなると，吸収される量が減り，地上に到達する量が増加する．

また，紫外線は可視光線より波長が短く，粒子の性質が強く，物質の分子結合を切ったり，結合させたりするのにちょうどよいエネルギーを持っているので，成層圏に運び込まれた物質に活発な光化学反応を起こさせる．

の生物は，数億年前，陸上に住めるようになった．近年では，フロンガスによりオゾン層が壊され，南極上空にオゾンホールと呼ばれる穴があき，地球環境問題として騒がれている．

(4) 電離層，オーロラ

　高度 80〜500 km の範囲を熱圏という．太陽からの X 線，紫外線により，大気の窒素，酸素分子が電離し，イオンや電子がたくさんある．この電子密度が高い層を電離層といい，電波を反射させる性質を持っている．われわれはこれを利用して，遠距離の通信，情報交換を行っている．地球の裏側まで電波が届くのは，電離層があるから可能となったことである．昼間と夜間で電離層の状態が変わるのは，電離層の生成が太陽からの X 線，紫外線によるからである．

　熱圏の温度は，地表の温度と同じように分子運動の速度から推定すると，上層ほど高温となる．しかし，熱圏は大気が希薄であり，その密度は 10^{-10} kg/m³で，地表付近（約 1.2 kg/m³）の約 100 億分の 1 であり，分子運動による摩擦熱は小さく，地表の高温状態とは異なる．

　オーロラは，北極，南極上空高度 100〜1 000 km の広い範囲にわたって現れる美しい発光現象であり，まれに中低緯度にも現れる．色は白が多いが，赤，黄，緑なども見られる．形は不定形のもの，カーテンをたらしたように見えるものなどがある．

　オーロラとは，宇宙からの荷電粒子（宇宙線という）の流れが，超高層大気に飛び込み，極地方上空の薄い大気の窒素や酸素のなどの分子に衝突し，これらを発光させる現象である．極地方では，宇宙線の流れが地磁気の磁力線と平行になるので，進路を曲げられることがなく，極地方上空から大気圏に飛び込むことが可能となる．オーロラが発生するということは，そこに大気が存在することを意味する．

　また，太陽活動の激しいとき，太陽表面で爆発現象が起こると，太陽放射の中で X 線，紫外線，太陽電波が増加し，また多量の荷電粒子が放射される．この X 線が光と共に地球の大気に到達し，E 層，D 層電離層で吸収されて，強い電離を起こし，電離層の電子密度を異常に増加させる．このため地上から発信した通信用短波が吸収され，電波通信が数分から数時間にわたって妨害される．これをデリンジャー現象という．X 線は直進するので，デリンジャー現象は太陽に面した側のみに現れる．

　また，荷電粒子の流れは 1〜2 日後に地球に到達し，磁気あらし，電離層あらしを起こす．このときオーロラが現れることがある．

参 考 文 献

1) 桜井邦明,"地球環境論15講",東京教学社(1993).
2) 松井孝典,"地球・46億年の孤独",徳間書店(1994).
3) 力武常次,永田豊,小川勇二郎,"新地学",数研出版(1996)
4) 貞広太郎,千地万造,沓掛俊夫,"地球の科学",学術図書出版(1991).
5) 浜野洋三,"地球のしくみ",日本実業出版社(1995).
6) 電気事業連合会企画,VTR"46億年のおくりもの".
7) 桜井邦明,"宇宙論入門15講",東京教学社(1994).
8) 磯部秀三,"宇宙のしくみ",日本実業出版社(1997).
9) 丸山茂徳,"46億年地球は何をしてきたか?",岩波書店(1996).
10) 丸山茂徳,磯崎行雄,"生命と地球の歴史",岩波書店(1998).

図 表 の 出 所

1) 奈須紀幸,小尾信弥,"詳解地学",p.297,旺文社(1995).
2) 桜井邦明,"地球環境論15講",p.101,東京教学社(1993).
3) 2)の p.98.
4) 1)の p.28,29.
5) 貞広太郎,千地万造,沓掛俊夫,"地球の科学",p.24,学術図書出版社(1991).
6) 丸山茂徳,"生きている地球",p.56 の図に加筆,核燃料サイクル機構(1999).
7) 桜井邦明,"地球環境論15講",p.54,東京教学社(1993).
8) 2)の p.19.
9) 田近英一,"生きている地球",p.104,核燃料サイクル機構(1999).

3 生きている地球

　真空の宇宙に浮かぶ地球は，放射により太陽から絶えず莫大なエネルギーを受け，それによって温められた地球は，宇宙に向かって，赤外線を放射している．その熱収支のバランスがとれているので，地球の温度は，一定に保たれている．

　プレートに乗った大陸は，今も1年に数cm～10cmくらいの速さで動いている．このプレートの移動，造山運動，火山活動，地震など，地球表面の形状を変える大規模な地学現象の原動力は，地球内部の熱エネルギーによるものと考えられている．

　これらの熱は，地球内部から地表へ向かって流れており，その熱量（地殻熱流量）は小さく，太陽放射からくる熱量の1万分の3.5～4程度といわれている．しかし，長期的に大陸を動かしたり，ときとして火山の大噴火，大地震を起こし，人間生活に大きな影響を及ぼす．

　われわれの日常生活とは無縁と思われる大陸移動説も，地震発生のメカニズム，日本列島誕生の経緯，日本に石炭・石油の化石燃料資源が少ないことも，この仮説が発展したプレートテクトニクス，さらに地震波トモグラフィー（断層撮影）により裏付けられたプルームテクトニクスの理論で説明されており，密接な関係がある．

3.1 ウェゲナーの大陸移動説

　大陸移動説とプレートテクトニクスは，地球科学に大きな革新をもたらした．ドイツの気象学者ウェゲナー（A. Wegener, 1880～1930）は，1912～23年の間に何度か修正を加えながら，大陸移動説を唱えた．当時ヨーロッパは第1次世界大戦の最中であり，この奇抜な学説は，学会に認められることもなく，彼の死と共に見捨てられていたが，戦後10年，ふとしたきっかけから，この学説は検証され，プレートテクトニクスの理論を生み，現代に新しく生まれ変わった．

3.1 ウェゲナーの大陸移動説

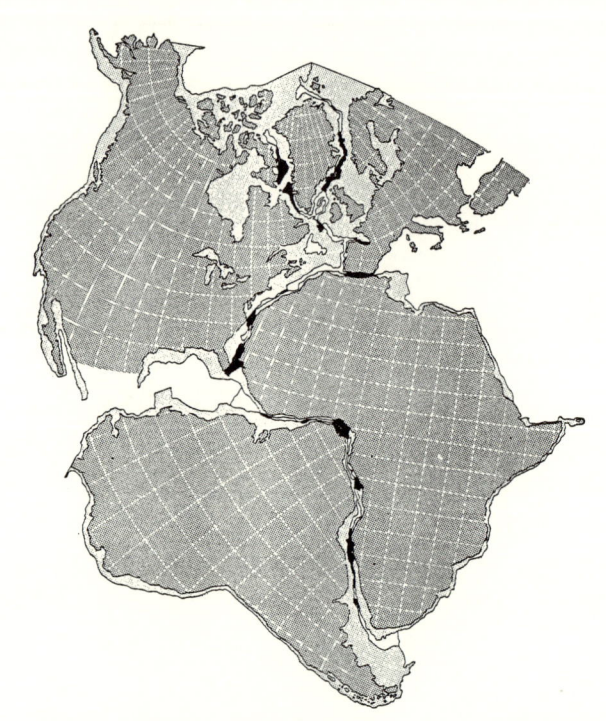

図 3.1 ウェゲナーの大陸移動説の発端となった大陸のつなぎ合わせ[1]
最もよく一致する大陸のつなぎ合わせは水深約 900 m の所である．大陸棚を含めて重複する所は黒，すきまのあく所は白ぬきで示してある．

ウェゲナーは，世界地図を見ながら大西洋の両側の大陸の海岸線の出入りがよく合致することに気付き，昔一緒だった超大陸（彼はこれをパンゲア大陸と呼んだ）が分離移動して現在のよう形になったのではないかと考え，大陸移動説を提唱した（図 3.1）．ウェゲナーの大陸移動説の最大の弱点は，広大な大陸を何千 km も水平方向に動かす原動力について十分説明できなかったことにある．

その後，大陸移動の原動力はマントル内部の熱対流であると 1929 年，ホームス (A. Holms, 1890～1965) が提唱した．

1960 年代に，大西洋の真ん中にマグマが噴出し溶岩となった大きな高まり（大西洋中央海嶺）が発見され，ヘス (H.H.Hess) は，大西洋は超大陸の分裂に伴って新しくできた海洋底であると考え，海洋底拡大説を提唱した．すなわち，マントル対流は中央海嶺でわき上がり，海溝で下降する．海嶺軸部の裂け目からマントルがわきだし，新しい地殻ができる．この地殻は海嶺軸の両側に押されて水平移動し，海溝で沈み込

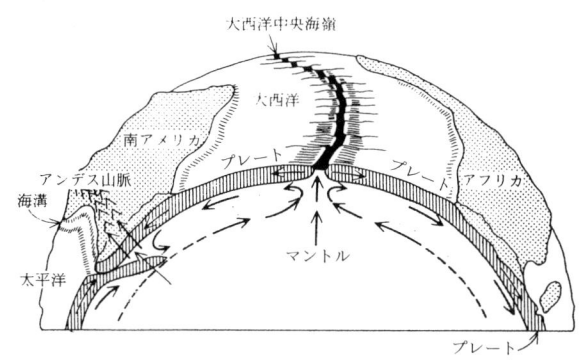

図 3.2 マントルの熱対流による大陸移動のメカニズム[2]

んでいくという説である（図 3.2）．海底のボーリング調査の結果，中央海嶺から離れるに従って海底の年代が古くなることが実証され，海洋底拡大説は検証された．

マントルがゆっくりと熱対流していることは，後述するプレートテクトニクス，新学説プルームテクトニクスでも認められている．

3.2 古地磁気学による大陸移動説の検証

ウェゲナーの大陸移動説は，1950年頃まではかえりみられなかったが，その後，岩石の中に残された過去の地球磁場の解析結果から，あたかもパズルを一つ一つ解くように検証されていった．

(1) 古地磁気学とは

地球は巨大な磁石である．火山噴火の際，流れ出てくる溶岩は，磁鉄鉱，赤鉄鉱，チタン鉄鉱などの磁性物質（微微細な磁石ともいえる）を含んでおり，溶岩が冷えて固まる際に，それらの磁性物質はそのときの地球磁場の方向に磁化して固まる．すなわち，磁性物質を高温にすると，原子や分子の熱振動が激しくなり，磁石の性質を失う．この温度をキュリー温度といい，例えば，鉄のキュリー点は770℃，ニッケルは358℃である．高温の溶岩が，冷えてキュリー温度以下になると，磁石の性質を取り戻し，そのときの地球磁場の方向に磁化する．これを熱残留磁気という．

例えば，伊豆大島のような新しい火山噴火の際に流出した溶岩をしらべてみると，現在の地球磁場の方向と一致している．このような事実から，溶岩の残留磁気は，その溶岩が形成されたときの地球磁場の方向を記憶していると考えられている．

また，残留磁気を持った岩石の砕屑物が河に流され，河底にゆっくり沈殿するとき

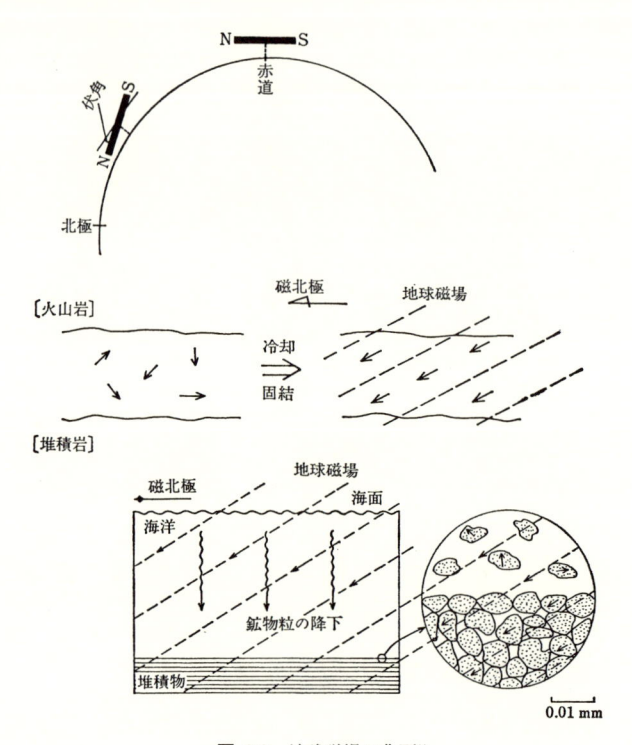

図 3.3 地球磁場の化石[3]

も，地球磁場の方向に並んで堆積する．これらが固まった堆積岩や堆積物には，堆積当時の地球磁場の方向が記録されており，これを沈殿残留磁気という（図3.3）．

このような残留磁気を持った鉱物は，地球磁場のまさに化石といえる．このような現象をしらべて，古い時代の地球磁場をしらべる学問分野を古地磁気学と呼ぶ．

(2) 古地磁気学による大陸移動説の再認識

1955年頃，古地磁気の研究者ランコーン（S. K. Runcorn）らにより各大陸内部の岩石の古地磁気の研究が精力的に行われた結果，古地磁気の方位は，時代と共に異なっており，さらに同じ時代でも大陸により異なることが分かった．そこで各大陸の過去の磁気移動経路を推定し，各大陸ごとに，これらを過去1億数千年前までさかのぼって動かしていくと，驚くことに，ほぼウェゲナーが指摘した一つの超大陸(パンゲア)になった．これを契機に，ウェゲナーの大陸移動説が再認識された（図3.4）．

インドのデカン高原の1億年前の玄武岩の溶岩の古地磁気の方位，伏角を調べると，インド大陸はかつて南半球にあったと思われる方位，伏角を示した．したがって，イ

3 生きている地球　45

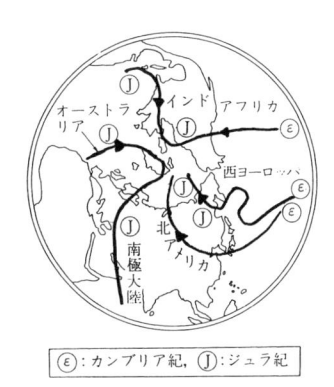

図3.4 大陸の古地磁気記録で測定された北磁極移動の経路の差異[4]

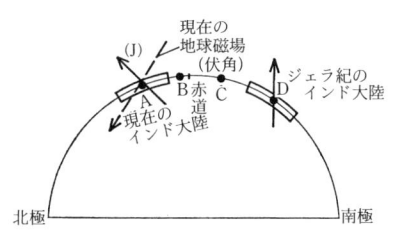

ε：カンブリア紀，J：ジュラ紀

図3.5 インド大陸の北進[5]
デカン高原の玄武岩溶岩の古地磁気の測定結果，中生代ジュラ紀の伏角(J)は現在のその地域(A)のそれと大きく異なり，インド大陸がはるか南半球に位置した地点(D)と考えられる．それより若い時代の溶岩について同じように指定すると，大陸の位置がC,Bと求められる．

ンド大陸は北へ延々と8000 kmも北上し，ユーラシア大陸と衝突し，現在の位置になったと考えられる（図3.5）．

3.3　地殻熱流量から推定されるマントルの熱対流の存在

(1) 地殻熱流量

　地表付近の地中温度は，大気の温度に支配され，日変化，季節変化をするが，地下30 mにもなると，気温の影響はほとんどなくなる．さらに地下へ深く掘り進むと，温度が上がる．地表に近いところでは深さ100 m掘り下げるごとに，平均3℃の割合で温度が上昇する．熱は温度の高いところから温度の低いところへ伝わる（熱力学第2法則）から，地球内部から地表に向かって熱の流れがあることが分かる．この熱量を地殻熱流量と呼んでいる．

　地殻熱流量は，1968年6月までに世界の約2600地点で測定されたが，そのうち90％は海洋で行われた．その結果，マントルの熱対流がわき上がる中央海嶺系では大きく，プレートが冷えて沈み込んでいく海溝では小さいが，このような特殊な地帯，火山，地熱地帯などを除けば，海洋，陸地も大差がないことが分かった．1969年リー，ウエダらは，これらの測定結果から平均地殻熱流量を求めた．その結果は，約60〜70 mW/m²[*1]であった．

---

　*1　この値は，太陽の放射エネルギー約174 000 mW/m²に比較して，1万分の3.5〜4と非常に小さい．したがって，地球表面を覆う海洋，水蒸気，大気の動きに対しての影響は小さい．

(2) 地殻熱流量から推定されるマントルの熱対流の存在

　地殻熱流量の熱源は，最初は地殻の岩石の中に含まれているウラン 238, ウラン 235, トリウム 232 などの放射性同位体の壊変によって発生する熱ではないかと考えられていた．なぜならば，ウラン 238, ウラン 235, トリウム 232 の元素は，いずれも地殻を構成している花崗岩などの酸化ケイ素（SiO_2）の多い岩石に多く含まれており，マントルを構成しているかんらん岩などは少ないからである．しかし，地殻熱流量が地殻の厚さが 6～7 km の海洋と，厚さが 30～40 km の陸地とで大差がないということは，地殻に含まれている放射性同位体の量が大きく相異するのに地殻熱流量が等しいということになり矛盾する．

　それならば，地球の内部から熱が流出していると仮定すると，約 60～70 mW/m² の地殻熱流量が熱伝導によって地殻を構成する岩石の中を流れるには，100 m 当り 3 ℃の温度差（温度勾配）がなくてはならない．もし，この温度勾配が地底奥深くまであると仮定すると，地殻の下にはマントルが約 2900 km の深さまであり，マントル下部では約 8 万 7 千℃という高い温度でなければならない．このような温度では，マントルは熔けて液体となっているはずである．これは 2.4 で述べたように地震波による観測結果と矛盾する．

　したがって，地殻の薄い海底では，地球内部の熱が静止状態のマントル中を熱伝導により伝わってくるのではなく，もっと熱の輸送効率の良い熱対流により運ばれてくると考えざるを得ない．

3.4　プレートテクトニクス（大岩盤構造論）

　大陸移動説，マントル内の熱対流説，海洋底拡大説が提唱されてから，古地磁気学の研究，海洋底の年代測定，地殻熱流量の測定，地震波の観測，重力異常の測定などの科学技術の進歩，および 1960 年代になって世界的規模で始められた世界標準地震観測網（WWSSN）による地震観測の結果などにより，1968 年，地球の表面とその運動についての新しい概念，プレートテクトニクスが生まれた．この理論は，多くの科学者の研究結果により長い年月をかけて到達したグローバルで総合的な地球科学の学説である．

　すなわち，地球の表面は，10 個ほどに分割された板状のプレートからなり，年間数 cm の速度で互いに移動をしている（図 3.6）．このプレートの部分（リソスフェア，岩石圏という）は，堅くて強度が大きいので剛体的であり，その下，約 100 km から 700 km

3 生きている地球　47

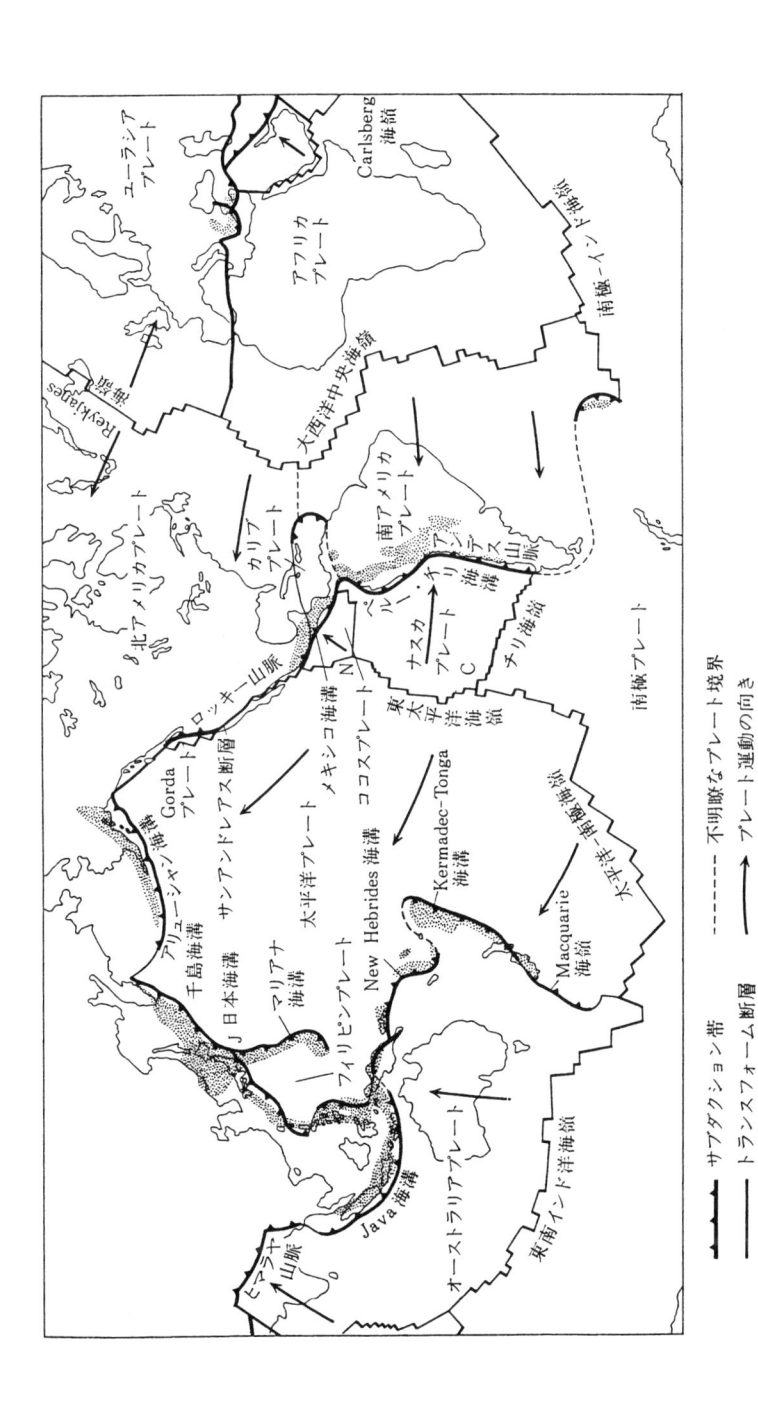

図3.6 世界のプレート分布[6)]
アフリカを不動としたときの各プレートの運動を矢印で示した。

―――― サブダクション帯
―――― トランスフォーム断層
―――― 海嶺
-------- 不明瞭なプレート境界
――→ プレート運動の向き
（点描）深発地震帯

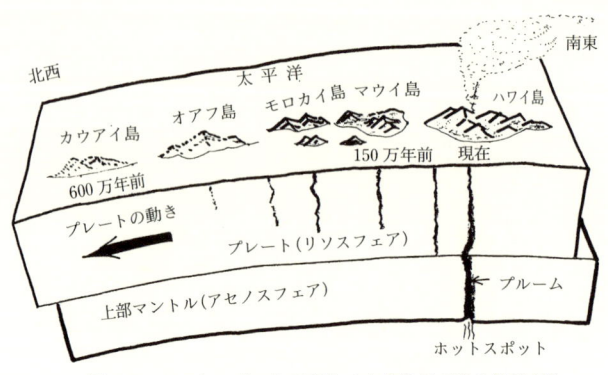

図 3.7 ホットスポットの直上で火山島ができる仕組み[7]
["Continents in Motion" (1989) より]

までのマントル上部（アセノスフェア，岩流圏という）は融点に近い温度のため強度が小さく，流体的な挙動を示し，プレートはアセノスフェアの上を海洋底拡大の動きにつれて移動している．

プレートの動きが最もよく分かる例は，ハワイ諸島である．ハワイ諸島の地下にはマグマが噴出するホットスポットと呼ばれるところがあり，これによって最初にできたのがカウアイ島であり，この島がプレートに乗って動いた．次にオアフ島ができ，これがプレートに乗って動いた．このように次々と島ができて動き，現在，ホットスポットの真上にあるのが活火山のハワイ島である（図 3.7）．

このようにプレートの移動を考えることにより，これまでの大陸移動説，海底拡大説も統一的に扱えるばかりでなく，そのほかの地表の色々な地学現象もこの理論により説明できる．近年，深海掘削による海底の年代測定などを通じて，その確かさが実証され，現在では通説となっている．

3.5 新学説「プルームテクトニクス」

(1) 地震波トモグラフィーから生まれた新学説プルームテクトニクス

プレートテクトニクスでは，地球の半径 6 400 km に対してせいぜい 100 km の薄い表層（プレート）の動きを説明しているに過ぎない．したがって，大陸の下に潜り込んだプレートが，その先どのようになるのかは，直接観測する方法がなかったことから一応，未知とされていた．

最近では，X 線 CT により人体，物体の断面をしらべるのとまったく同じ原理で，

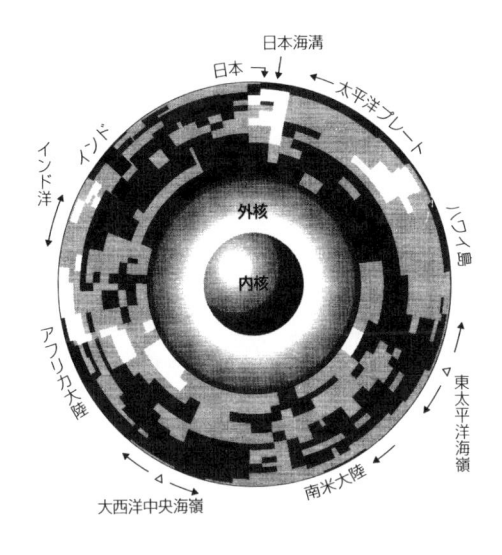

(a) 地震波トモグラフィーによるマントルの画像[8]

低温 ── 高温

(b) プルームテクトニクス模式図[9]

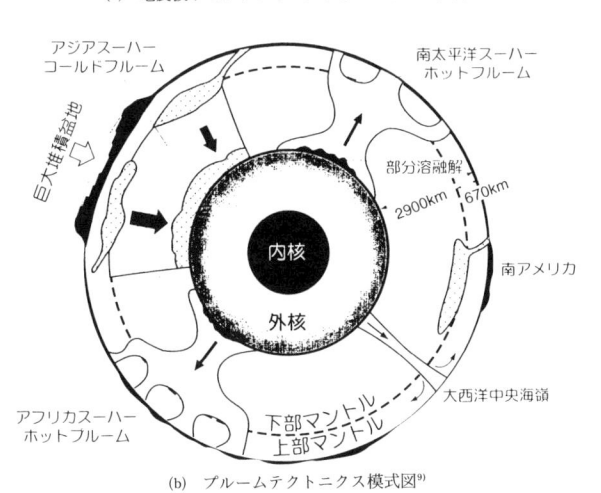

図 3.8 地震波トモグラフィーによるマントル画像と模式図

3.5 新学説「プルームテクトニクス」

　各地で起きる膨大な地震波の観測データに基づいて，地震波が地球の中を伝わる速度や衰え方を大型コンピュータで分析し，地球規模での内部を精密に立体的に描出する地震波トモグラフィー（断層撮影）の方法が，東京大学地震研究所長深尾良夫教授（前名古屋大学教授）ら名古屋大学グループにより開発された．

　この名大トモグラフィーによって明らかにされた地球の内部構造の立体的画像から，深尾良夫教授グループと，東京工業大学丸山茂徳教授らが中心となり，プレートテクトニクスを含めた地球全体の動きを統一的に考えようという新学説「プルームテクトニクス」を提唱し，その研究が世界に先駆けて進められている．

　図3.8(b)は，地震波の伝わり方が速い部分は，温度が低く固い部分で，収縮して下降する力が働いており，地震波の伝わり方が遅い部分は，温度が高く柔らかい部分で，膨張して上昇しようとする力が働いていると考えて，地球内部のマントルを40万個のサイコロ状に区切り，地震波の伝わり方で色分けして，地球内部の密度分布を見たトモグラフィーの画像（図3.8(a)）を模式的に描いたものである．

　これによると，太平洋に地下約2900 kmのマントルの底から地球表層部に向けて，巨木のようにマントルを貫く太い円筒状の柱（ホットプルーム，プルームとは，円柱状に立ち上る水蒸気や煙に似たものをいう）がみられる．このホットプルームはマントルと核の境界に根を持ち，根本は直径約4000 km（断面は必ずしも円形ではない）にもおよぶ巨大なもので，上昇する途中に直径は約1500 kmに絞られ，地殻下部で再び傘を広げたように広がったキノコ雲状になっている（図3.8(b)）．

　このようなホットプルームが，南太平洋とアフリカ大陸南部の直下にあり，それぞれを南太平洋スーパーホットプルーム，アフリカスーパーホットプルームと呼ぶ．南太平洋スーパーホットプルームの北の端はハワイのホットスポットにつながっている．また，大西洋海嶺の直下にも小さいホットプルームが存在する．現在の地球内部は二つのスーパーホットプルームと一つのスーパーコールドプルームによって地球規模の対流が起こっていると考えられている．

　また，アジア大陸に沈み込む太平洋プレートの先端部の上部マントルと下部マントルとの境界部分に冷えた塊が滞留し，その直下のマントル底部にも同様の領域がみられる．この境界に滞留したものが十分に冷え，一定量溜まると，突然，沈降を始め，マントル底部に溜まり，外核上部で熱交換する．次に別の場所から上昇運動が起き，対流のような運動が起きるのではないかと考えられている．

　つまり，海溝に沈み込んだプレートは，形は板状から涙滴型になり，沈降し，数億年にわたって，上部マントルと下部マントルの境界（約670 km）の下層に滞留した後，

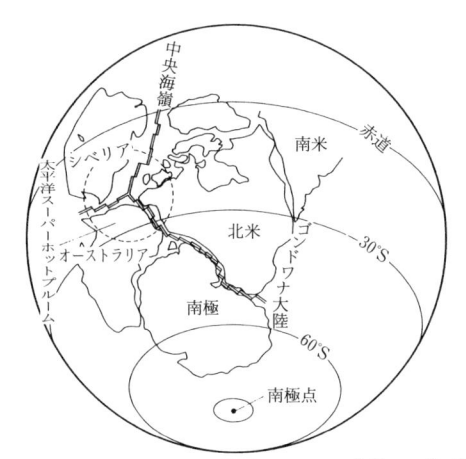

図 3.9 太平洋の誕生した位置についての古地理の復元図[10]
太平洋は 7〜6 億年前にゴンドワナ大陸の中心部から生まれたと考えられる．

ある量を超えると，突然核に向かって落下し始める（マントルの熱対流は，最初は上部，下部の二層に分かれて熱対流をしていたが，今から 20 億年前，一層の熱対流になった）．これがスーパーコールドプルームであり，まわりからプレートが沈み込んでいるところには必ず存在する．

　スーパーコールドプルームが，核に落下すると，その部分の外核の温度が冷え，核の表面温度を不均一にするため，外核の液体の熱対流が盛んとなり，スーパーホットプルームが生じるのではないか考えられている．

(2) プルームテクトニクスによる大陸移動の説明

　プルームテクトニクスによれば，大陸移動説は次のように説明される．地球の誕生期には，微惑星の衝突により，地球の表面は灼熱のマグマオーシャンに覆われていたが，次第に冷えて固まり，固いプレートによって覆われた．しかも，プレートの下部では，マントルが熱対流をしつつ高温の核の熱を表面に運んでいる．プレートの上に乗った大陸は，マントルの熱対流により 3.5〜4 億年の周期で分離，合体を繰り返した．

　この大陸分離の時期や位置は，プルームの活動期とその位置と一致している．その最も歴史の新しいものが，今から 6〜7 億年前，超大陸ゴンドワナ大陸の真下から南太平洋スーパーホットプルームが上昇することにより，地殻が持ち上げられ，その頂点は地殻が薄くなり，複数の頂点が鎖状につながって割れ，アメリカ大陸，シベリア

大陸，オーストラリア・南極大陸の三つの大陸に分断され，3方向に移動し，その間に太平洋が生まれた．さらに，2億年前，超大陸パンゲア大陸の真下にアフリカスーパーホットプルームが上昇し，アメリカ大陸とアフリカ大陸が分断されて，大西洋が形成された．このようにして，現在のような大陸分布となったと考えられる(図3.9)．

現在，アジア中央部の直下に世界最大のスーパーコールドプルームがあり，これに吸い寄せられて，すべての大陸が移動しつつあり，いずれ現在の大陸群は再び合体し，超大陸が出現するだろうと考えられている．

このほか，プルームテクトニクスという新しい考え方に基づいた，過去10万年の氷期，間氷期の大きな気候変動，生物の絶滅進化などとの関連解明など，今後の研究に期待されるところが大きい．

3.6　日本列島には石炭，石油が少ないのはなぜか？

日本列島は，プレートの運動の結果，大陸から分離，移動して生まれた．日本のエネルギー資源が少ないのは，日本列島の誕生の過程と大きな関係がある．

まず，石炭，石油，天然ガス，ウランはどのようにしてできるのかを知る必要がある．石炭，石油，天然ガスは，数億数千万年かかって生成されたものであるが，これらのものが生成されるためには，次の3条件が必要である（図3.10）．

① もとになる物質（根源物質）が存在すること
② 根源物質が堆積する適当な海洋性盆地，地層などが存在すること
③ 地圧と地熱が加わり，長時間の炭化作用を受けること

(1) 石炭はどのようにしてできたのか

石炭は，沼地などに集積した太古の森林などの倒木，枯れ木，枯れ葉などが，水中に埋もれて，腐植化することなく泥炭化し，埋没して温度，圧力が加わり，固体のまま化学変化を起こし，原子の配列の状態が変わり（石炭化作用）できたものとされている．石炭の根源物質が太古の樹木であることは，石炭に木の年輪などの痕跡が残っているのを見てもわかる．

この石炭化作用の過程が進むにつれ，揮発成分が抜けて次のように変化していく．

　　　泥炭──→褐炭──→亜瀝青炭──→瀝青炭──→無煙炭

石炭は炭素，水素，酸素などを主成分とする分子量の大きい化合物(高分子化合物)であり，石炭化作用の進行に伴い，その成分中の水素，酸素の含有量と比較して炭素の含有量が増加する．温度，圧力が高いほど，時間が長いほど石炭化が進む．

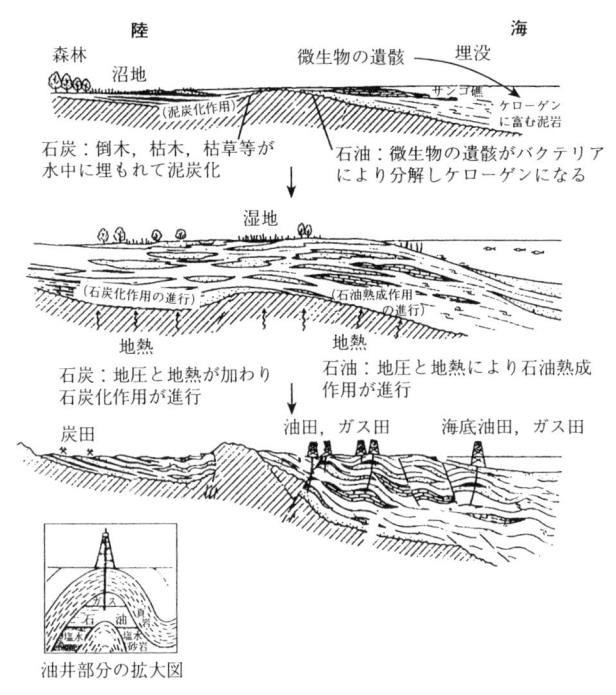

図 3.10 石炭，石油の生成模式図[11]

大規模炭田は，世界的には古生代石炭紀（3億6700万年〜2億8900万年前）の木性シダを根源物質とする炭田が多い．

(2) 石油，天然ガスはどのようにしてできたか

石油の根源物質は，主に藻類などの植物プランクトンの死がいが酸化をまぬがれて堆積したものであり，炭素，水素，酸素などよりなる高分子有機化合物である．これが地殻に埋れて温度，圧力の上昇に伴い，石炭化作用と同様の化学変化を起こし生成することが知られている．石油，天然ガスは，世界的には主として中生代から新生代新第三紀（2億4700万年〜170万年前）の大規模な海洋性堆積盆地内で生成されたものが多い．

石油鉱床が発達するためには，
① 堆積盆地内，およびその周辺に石油を貯めることのできる多孔質な地層（貯留岩層）があること．
② 石油を集積すると同時に逃がさない地質構造があること．

③ 石油の熟成を促す熱源があること．

このような条件を満たす場所として，有機物が沈積し，その後地殻変動によりしゅう曲し，馬の背のような背斜部ができたところが挙げられる．

天然ガスは，炭田地帯で産出する炭田ガス，油田地帯で産出する油田ガスと，水に溶けて存在する水溶性ガスに大別される．現在，主に利用されている天然ガスは，石炭，石油の採掘に伴って産出するガスであり，石油随伴ガスが多い．

(3) 日本列島の始まりは飛驒山地

今から約12億年前，アジア大陸はローレシア大陸の東部にあり，その東には海が広がっていて，日本列島は存在していなかった．陸地は赤茶けた砂漠と段丘が続く荒涼たる世界であった．その大陸の東の端の陸地の一部が，日本の最初の陸地であり，現在の飛驒山地である．

今から約4億年前，世界的な地殻変動が起こり，これに伴って海底でも激しい火山活動が続き，日本列島の誕生の準備が始まった．海底火山はそれから数万年かけて，いくつもの火山島をつくり，やがて火山島は海に沈みはじめて，そのまわりにサンゴ礁が発達する．

今から約2億5000万年前になると，このようなサンゴ礁は島となって点在し，やがて日本列島の一部になった．山口県の秋吉台に代表されるカルスト台地や，日本の各地に分布する鍾乳洞は，当時のサンゴ礁が後に石灰岩になってできたものである．

(4) アジア大陸から分離，独立する日本列島

まず，約2億年前，アジア大陸の太平洋側に潜り込んでいく巨大なプレートに沿って火山島が次々と姿を現し，それと共にアジア大陸の東端の一部が造山運動によって大山脈になった．

続いて約1億年くらい前に，海底からせり出した大山脈が，のちに東北地方から九州にかけて日本列島の背骨となる北上山脈，阿武隈山脈である．

約4千万年前，アジア大陸東端の大山脈だった日本列島は，ついに大陸から独立し，現在の位置に向かって移動し始めた．アジア大陸と日本列島の間の海は広がり，日本海が誕生する．陸上では激しい火山活動が続き，阿蘇山のようなカルデラ[*2]があちこちにできた．

約1千万年前，ゆっくりと湾曲しながら移動を続けた日本列島はようやく現在の位置にたどり着いた．その後も何回も隆起，沈下の地殻変動を繰り返し，100万年〜1万

[*2] 溶岩と火山破砕物が交互に重なってできた円錐形の山が，ある規模を越えると，山頂部が陥没してしまうことがある．この山頂の凹部をカルデラという．

年前にかけて，4回の氷河期が世界を襲い，海面が下がり，浅い内海は陸地となり，日本列島は北と南で再びアジア大陸と陸続きとなる．

　その後，大陸から再び分離し，隆起，沈下を繰り返しながら，海岸線が現在のような形になった．そのとき，われわれの祖先は，既に縄文時代を迎えていた．

(5) 日本列島には石炭，石油，天然ガスが少ないのはなぜか？

　海外の石炭の多くは，約2億9千万年以前の樹木が姿を変えたものであるが，その頃の日本列島はまだ海底にあり，石炭の元となる植物が繁茂したり，堆積する環境になかった．日本の石炭の大部分は，新生代古第三紀(6500万年～2400万年前)の地層中から産出するが，時代が新しい割に石炭化が進んでいる．その理由は，日本列島の生成過程で起きた激しい地殻変動による地圧と地熱のためであるとされている．

　一方，石油は，新生代新第三世紀(2400万年～170万年前)の地層に分布している．埋蔵量が少ないのは，日本列島の激しい地殻変動のため，石油の根源物質と考えられる微生物の遺がいをたくさん集めることのできる，広くて浅い海，あるいはゆったりと湾曲した大きな地層を持つこともできなかったためである．

　このような理由により，日本には石炭，石油資源が少ないので，これらと成因を同じくする天然ガスも日本では当然ごくわずかしか産出されないのである．

　なお，日本は，石炭，石油，天然ガスばかりでなく，ウラン資源も乏しいので，エネルギー資源確保の上で，原子燃料サイクルを確立して，ウラン資源を無駄なく使うことが必要不可欠になってくる．

参 考 文 献

1) 猪郷久義, "現代の地球科学", 朝倉書店 (1993).
2) 力武常次, "地球科学ハンドブック", 聖文社 (1993).
3) 木村敏雄監修, VTR "日本列島誕生ものがたり", 電気事業連合会.
4) 桜井邦明, "地球環境論15講", 東京教学社 (1993).
5) 丸山茂徳, "46億年地球は何をしてきたか?", 岩波書店 (1996).
6) 鈴木宇耕, "地球って何だろう", ダイヤモンド社 (1996).
7) 浜野洋三, "地球のしくみ", 日本実業出版社 (1995).
8) 蒲生俊敬, "海洋の科学", 日本放送協会 (1996).
9) 丸山茂徳, 磯崎行雄 "生命と地球の歴史", 岩波書店 (1998).
10) 平朝彦, "日本列島の誕生", 岩波書店 (1996).
11) 蟹沢聰史, "現代の地球科学", 学術図書出版社 (1992).
12) 核燃料サイクル機構編, "生きている地球", 核燃料サイクル機構 (1999).

図 表 の 出 所

1) 猪郷久義, "現代の地球科学", p.147, 朝倉書店 (1993).
2) 蟹沢聰史, "現代の地球科学", p.54, 学術図書出版社 (1992) を一部変更にした.
3) 1)の p.144.
4) 奈須紀幸, 小尾信爾, "詳解地学", p.188, 旺文社 (1995).
5) 1)の p.144.
6) 杉村新, 中村保夫, 井田喜明編, "図説地球科学", p.193, 岩波書店 (1993).
7) 鈴木宇耕, "地球って何だろう", p.46, ダイヤモンド社, (1996)
8) 丸山茂徳, "最新・地球学", p.73, 朝日新聞社 (1994).
9) 丸山茂徳, 磯崎行雄, "生命と地球の歴史", p.41, 岩波書店 (1998).
10) 丸山茂徳, "46億年地球は何をしてきたか?" p.88, 岩波書店 (1996).
11) 6)の p.185 に加筆.

4 地震と建物の耐震設計

　世界地図上に過去に起こった地震の震源地を記入していくと，それらはプレートの境界と見事に一致する．地震を引き起こす力を生み出すのは，プレートの境界面でのプレート同士の相対運動だと考えられている．日本列島はプレートの沈み込み帯の上に位置しているので，世界有数の地震多発国である．過去にも関東大震災，最近では阪神大震災という大規模な地震が起きている．この章では，地震をその強さと特性，建築物の耐震設計の考え方，砂地盤の液状化現象について述べ，さらに，地震多発国日本の超高層ビル，原子力発電所は大地震に対しても大丈夫かどうかについて述べる．

4.1 プレート運動によって起こる地震

(1) プレート運動によって起こる地震

　地震とは，地下の岩石が種々の原因で急激に変形，破壊され，弾性波を発生させる現象と定義されている．また，この破壊はある1点で起こっているのではなく，面的な広がりを持っている．このとき最初に破壊が起こった点を「震源」，その真上の地表上の点を「震央」という．ひずみがたまる原因については色々な説があるが，プレートテクトニクスの考えをもとにしたプレート運動によるとする説が，現在のところ最も有力である．

　地震発生のメカニズムは，次のように言われている．地球内部のかたい岩盤でも，大きな力がかかるとわずかにひずむ．したがって，地下のある領域に非常に大きな力が加わると，岩盤が変形して，徐々にひずみエネルギーが溜まっていく．この力の大きさが，岩盤の耐え得る力（破壊強度）の限界を超えた瞬間，破壊が始まり，地震が発生する．そして，解放されたひずみエネルギーが，断層の運動エネルギーとなって消費しながら伝播していき，やがてこのエネルギーが新たな破壊を起こすのに十分な

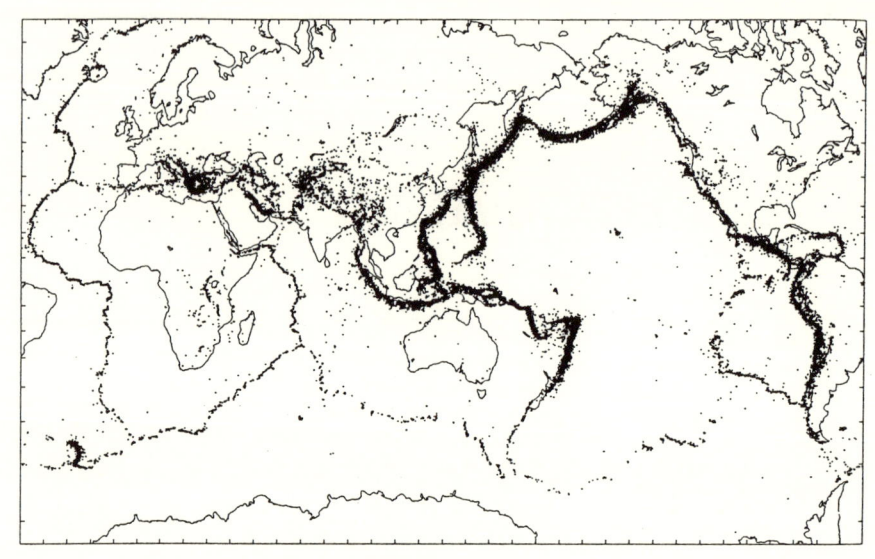

図 4.1 世界の地震活動分布[1]
地震の少ない地域が地震帯で囲まれている．

力がなくなったときに止まる．このようにして破壊の起きた領域が「断層」である．
　こうして地震のエネルギーは，地面を揺らしたり，断層面の摩擦熱や地震波のエネルギーとなって，四方に発散する．
　断層領域の大きさは地震の規模によって異なる．マグニチュード 8 クラスの巨大地震では，長さ 150 km 以上，幅 70 km にも達するものもあるが，微小地震では数 m × 数 m というものもある．

(2)　**プレートの動きと地震のタイプ**
　地球の表面は，何枚ものプレートに覆われていて，それらが互いに運動している．過去の地震の起こった場所を調べてみると，これらのプレートが互いに接している境界地帯で多発している（図 4.1）．
　世界で地震が最も多く起こる場所は，図 3.6 に示す太平洋の縁を取り巻くプレート境界地域であり，この地域で世界の地震エネルギーの約 76 %（日本付近で約 10 %）を受け持っている．したがって，日本は世界で地震活動が最も盛んな地域に位置しているといえる．
　日本周辺の地震のタイプは 4 種類ある（図 4.2）．第 1 は，沈み込み海洋プレートと，引き込まれる陸側プレートの境界で起きる地震で，プレート型地震の代表的なもので

4 地震と建物の耐震設計

● 「プレート型」地震の発生メカニズム

| 海側プレートが陸側プレートの下に少しずつもぐり込む。 | 陸側プレートの先端が，海側プレートに引っぱり込まれ，元にもどろうとする力が蓄積される。 | 陸側プレートの元にもどろうとする力が，海側プレートの引っぱり込む力を超えた時に急に陸側プレートがはね上がり，地震が発生する。 |

● 「内陸型」地震の発生メカニズム

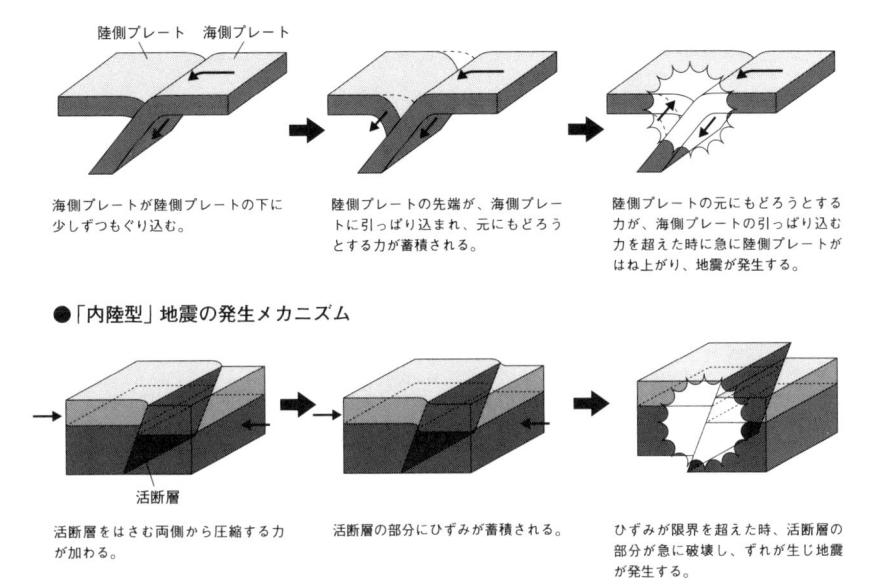

| 活断層をはさむ両側から圧縮する力が加わる。 | 活断層の部分にひずみが蓄積される。 | ひずみが限界を超えた時，活断層の部分が急に破壊し，ずれが生じ地震が発生する。 |

図 4.2　地震発生のメカニズム[2]

ある．日本海溝で起こる巨大地震がこれに属する．

　第 2 は，内陸の比較的浅い震度で起きる地震で，陸側プレートが海洋プレートの沈み込みにより圧縮されることにより，あるいは地殻運動により陸側プレート内部に長年蓄積されたひずみエネルギーが断層運動によって放出されるものであり，内陸型地震といわれ，直下型地震[*1]もその一種である．兵庫県南部地震もこのタイプの地震である．

　第 3 は，沈み込むプレート内部で起きる地震で，このうち，100 km より深いところで起きる地震を深発地震と呼ぶが，その震源を調べてみると，太平洋側から日本海に向かって，次第に深くなっていることがわかる．この震源が分布している面を深発地震面という．東北地方の下には深発地震面が二つあり，一つは太平洋プレートの沈み込みに相当する面と，もう一つはフィリピン海プレートの沈み込みに相当する面である．太平洋プレートの沈み込み面では，深さ 600 km にまで達している．

---

　*1　直下型地震とは，内陸の地下 15 km より浅い深さで発生する地震をいう．

表 4.1 マグニチュード

地震の規模	おおよその M	被害
小規模な地震	3～4	震央付近で揺れを感じることがある程度
	4～5	震央付近では揺れを感じる．震源がごく浅い場合には，震央付近で軽い被害がでることがある．
中規模の地震	5～6	被害はほとんどない．震央付近で被害がでることがある．
	6～7	震央付近で小規模な被害がでる．M が 7 に近い場合には，大被害がでることがある．
大規模の地震	7～8	内陸での地震では大災害となる．海底の地震の場合には，津波をともなう．ちなみに，兵庫県南部地震（阪神大震災）は 7.2，関東大震災は 7.9
巨大地震	8～9	内陸部でおきれば，大災害が発生．海底でおきれば，大津波が発生．
巨大地震	9～9.5	大規模な地殻変動がおきる．広域にわたり大災害や大津波が生じる．日本での発生例はない．

第 4 は，日本海と陸の境界付近で起きる地震で，東北地方と北海道が乗っている北アメリカプレートと日本海のユーラシアプレートの衝突によって起きる地震である．

4.2 地震動の強さとその特性

(1) マグニチュード

マグニチュードは，地震の規模の大小を表す尺度であり，震央から 100 km 離れた地点にある標準地震計の揺れ幅（最大振幅 A）を測定し，その対数をその地震のマグニチュード M と定めている．したがって，M の値が 1 異なると，最大振幅は 10 倍異なる（表 4.1）．

地震のエネルギーは，マグニチュード M が 1 階級大きくなると，地震のエネルギーは 32 倍，2 階級大きくなると，約 1000 倍になる．

(2) 震度

地震の震度は，正確には震度階という．震度とは，地面の揺れ方の強弱を 0～7 までの数字で段階的に表したもので，人体の感覚や建築物への影響の大小などによって決定される．実際には，気象庁の震度計が測定した加速度を揺れの周期などによって補正し，震度の値を出している（表 4.2）．マグニチュードが大きくても，遠いところで発生したり，深いところで発生した地震ではその震度は小さくなる．逆にマグニチ

4 地震と建物の耐震設計

表 4.2 気象庁震度階級（1996年）

震　度（Gal）		説　　　明
0 0.8 以下	無感	人は揺れを感じない．
1 0.8～2.5	微震	屋内にいる人の一部が，わずかな揺れを感じる．
2 2.5～8.0	軽震	屋内にいる人の多くが揺れを感じ，眠っている人の一部が目を覚ます． 電灯などのつり下げ物が，わずかに揺れる．
3 8.0～25	弱震	屋内にいる人のほとんどが，揺れを感じ，恐怖感を覚える人もいる． 棚にある食器類が，音をたてることがある．
4 25～80	中震	かなりの恐怖感があり，一部の人は，身の安全を図ろうとし，眠っている人のほとんどが目を覚ます．つり下げ物は大きく揺れ，棚にある食器類は音を立てる． 座りの悪い置物が倒れることがある．
5弱 80～140	強震	多くの人が身の安全を図ろうとし，一部の人は，行動に支障を感じる． つり下げ物は激しく揺れ，棚にある食器類，書棚の本が落ちることがある． 座りの悪い置物の多くが倒れ，家具が移動することがある．
5強 140～250	強震	非常な恐怖を感じる．多くの人が，行動に支障を感じる．棚にある食器類，書棚の多くが落ちる． テレビが台から落ちることがる．タンスなど重い家具が倒れることがある． 変形によりドアが開かなくなることがある．一部の戸が外れる．
6弱 250～450	烈震	立っていることが困難になる．固定していない重い家具の多くが移動，転倒する． 開かなくなるドアが多い．
6強 450～800	烈震	立っていることができず，はわないと動くことができない． 固定していない家具のほとんどが移動，転倒する．戸が外れて飛ぶことがある．
7 800 以上	激震	揺れにほんろうされ自分の意志で行動できない． ほとんどの家具が大きく移動し，飛ぶものもある．

Gal（ガル）：加速度の単位（cm/s^2）．
　　地震による揺れの加速度の最大値をガルで示すことで揺れの大きさを表す．

ュードが小さくても，近いところで発生したり，浅いところで発生した地震ではその震度は大きくなる．

(3) ガル（Gal）

　ガルは，加速度（cm/s^2）を表す単位であり，地震の揺れの強さを表すのに使われる．つまり，地震の揺れ幅が大きくても，ゆっくり動く場合はガルの値は小さく，激しく動く場合はガルの値は大きい．ちなみに，地球上のすべての物体は，地球の中心に向けて 980 ガルの加速度で引っ張られている．これを重力の加速度 g という．したがって，980 ガルの上下動の地震の場合は，瞬間的に無重力状態となることを意味する．

4.3 新耐震設計法（応答スペクトルによる耐震設計法）

　地震多発国日本になぜ超高層ビルが建てられるのか？　原子力発電所は大地震に対しても大丈夫だろうか？　この節ではこれらの疑問に答えて，構造物の耐震設計の考え方，手法の概略を述べることにする．

　日本では，関東大震災を契機に建築基準法の前身である市街地建築物法に耐震規定が盛り込まれた．この耐震規定による設計法は震度法と呼ばれ，震度[*2] 0.1 の耐震設計というのは，建物の重量の 10％の水平力が横から静的に加えられても建物は壊れないように設計しなければならないというものである．福井地震後，震度は 0.2 に改訂された．

　しかし，このような耐震設計法は，高層ビルの場合，建物は上の階へいくほど揺れが大きくなるので，その設計には対応できない．近年，コンピュータの発達により，実際の強地震の地震波の記録を用いて建物の揺れ方（応答）を予測し，それに基づいて耐震設計ができるようになった．このような方法を動的設計法という．

　日本では超高層ビルの建設に際して，1981 年，建築基準法が改訂され，世界に先駆けて耐震設計法が採用された．これが新耐震設計法，略して新耐震といわれるものである．この設計法は，地震波と建物の共振現象を考慮して地震の揺れの強さを表した，応答スペクトルを用いて設計する手法である．またこの方法は，コンピュータを使用して処理できる便利な方法でもある．

　このような耐震設計法は，地震の破壊力と建物の被害とがよく一致する評価尺度（応答スペクトル）が考え出されたことと，コンピュータの進歩によってはじめて開発されたといえる．以下，新耐震設計法の概略を紹介する．

(1)　地震の加速度（ガル）と建物の被害

　力学の法則によれば「力を受けている物体は，その力の向きに加速度を生じる．その加速度の大きさは，力の大きさに比例し，物体の質量に反比例する」つまり，加速度に質量を乗じたものは，その物体に加わる力になる．したがって，加速度（ガル）の大きい地震ほど，同じ重さの物体に加わる力は大きくなるわけであるから，建物に対する破壊力が大きくなり被害も大きくなるはずである．ところが過去の地震の際の

　[*2]　建築物の耐震設計法（震度法）に用いられている「震度」と地震の震度とはまったく違うので，注意を要する．

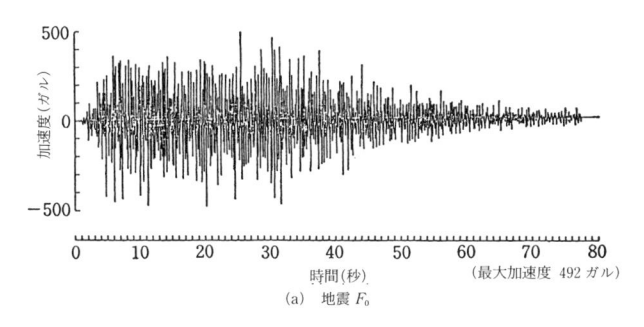

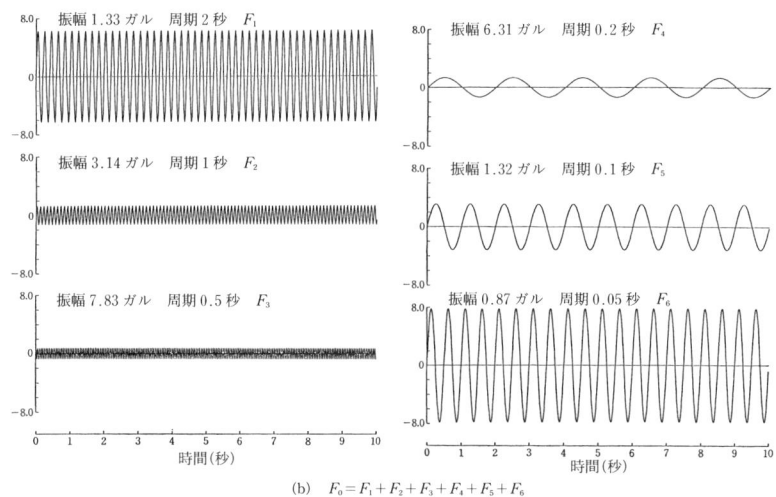

(a) 地震 F_0 （最大加速度 492 ガル）

(b) $F_0 = F_1 + F_2 + F_3 + F_4 + F_5 + F_6$

図 4.3 地震波の周波数分析[3]
地震 F_0（架空の地震波）は $F_1 \sim F_6$ の地震波に分解することができる．逆にこれらの地震波を重ね合わせると元の地震 F_0 になる．

建物の被害を調べてみると，建物の被害は，地震の最大加速力とは必ずしも一致しないことが分かってきた．そこで，ガルに代わる地震の破壊力の評価尺度として後述の応答スペクトルが考え出された．

(2) 地震波と建物の共振

一見複雑に見える地震の波（図 4.3）には，周期，振幅の違う種々の波（単振動）が混ざっており，たまたま地震波に含まれている波の周期と建物の固有周期が一致すると共振現象を起こし，その固有周期（固有振動）を持つ建物の被害だけが大きくなることが分かった．

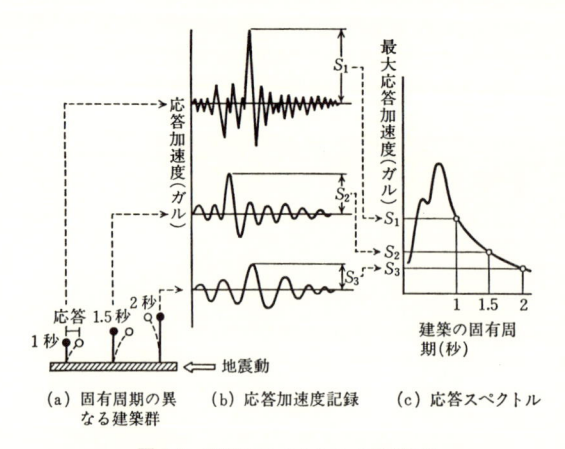

図4.4 応答のスペクトルの説明図[4]

(a) 固有周期の異なる建築群　(b) 応答加速度記録　(c) 応答スペクトル

すべての物体は，音叉のようにそれぞれ異なる固有周期をもっている．建物の場合も同様であり，例えば，日本の木造建築物の固有周期をしらべてみると，戦前の建物の固有周期が平均0.4秒くらいであったのに対して，戦後の建物の固有周期は小さくなり，平均0.24秒くらいのものが多い．鉄筋コンクリート2階建ての建物は0.2秒くらいであり，階数に比例して周期は長くなる．近年建てられている超高層ビルの固有周期は大きく，3〜4秒くらいである．

(3) 応答スペクトルとは

建物に地震波が加わった場合，共振現象を考慮した地震波の破壊力の評価尺度として考え出されたのが，米国の地震学者ハウスナー（G.W. Housner）によって開発された応答スペクトルである．この応答スペクトルにより，地震波と建物の両方の特性が表され，地震による建物の揺れの強さが正確に把握でき，実態に合った建物の耐震設計ができるようになった．

具体的に説明すると，一枚板の上に，建物を模擬した小さな固有周期から大きな固有周期を持つ音叉を立てて，この板に種々の周期・振幅の波が混ざった地震波を加えた場合，地震波の中に建物の固有周期と同じ周期の地震波が含まれていると，共振現象を起こし，その振幅，継続時間が大きいほど激しく揺れる．

応答スペクトルとは，建物の固有周期を横軸にとり，建物の震動の揺れの最大値，あるいは最大加速度を縦軸にとって描いた図4.4(c)のようなグラフである．

実際に，グラフを作成するには，例えば，固有周期1秒という建物の地震波に対する加速度 S_1 が，最大加速度700ガルであったとすると，これをグラフにプロットする．次に固有周期1.5秒の建物の最大加速度 S_2 が400ガルであったとすると，同様にグラフにプロットする．このように次々とグラフにプロットすればでき上がる．

◆ 地震国日本になぜ超高層ビルを建てられるのか？

　日本のような地震国では，超高層ビルは危険で建設できないと思われていた．また，以前は建築基準法によっても建物の高さは30m以下に制限されていた．それが現在では，東京始め各地で30mを超す超高層ビルが建てられている．その理由はなぜだろうか？

　地震波の応答スペクトルを眺めてみると，その形は地震によって異なるが，全部に共通してみられることは，応答スペクトルの形が右肩下がりの山形であることである．固有周期が大きいほうは，必ず地震の加速度が小さくなる．したがって，建物の固有周期がこの加速度の小さい領域に入るように設計すれば，地震の揺れを小さくできる．超高層ビルは，固有周期を3〜4秒と非常に大きく設計し，地震に対してゆらりゆらりと揺れて，地震の力に耐えるような構造になっている．つまり，「柳に風」と地震波のエネルギーを逃がしてしまうのである．このような構造物を柔構造という．

　これが地震国日本に超高層ビルが建てられる理由である．今回の兵庫県南部地震でも，超高層ビルは倒壊していない．

　わが国古来の建築物である五重塔は典型的な柔構造であり，台風で倒壊した例はあっても地震で倒壊した例はないといわれている．著者は，五重塔と巨木が外観，基本構造（芯柱と幹，階層の屋根の形と枝振り）が酷似していることから，昔の人は風雨，地震に強い巨木にヒントを得て，五重塔の構造を考え出したのではないかと思う．

(4) 地盤の共振，増幅現象

　一般に岩盤と呼ばれているものは，土が地底に埋没し，高い地圧が加わった状態で高温の地熱により焼き固められものであり，今から170万年以前の第三紀に形成されたものである．

　土とか地盤と呼ばれているものは，今から170〜1万年前の第四紀の洪積世に堆積した地層（洪積層）と，1万年前から現在までの沖積世に堆積した地層（沖積層）である．

　洪積層，沖積層の地盤は，岩盤に比べて軟らかい．特に，この新しい層である沖積層は，非常に軟らかく，地殻の最表層を覆う薄い地層である．普通の建物はその上に建てられているので，一般的には，沖積層が薄いところは「地盤が良い」，反対に厚いところは「地盤が悪い」ということになる．

　地震工学者金井清氏は，これを定量的に評価する尺度として，高感度の地震計を地上において，常時わずかに揺れる地盤の微動を測定し，地盤の固有周期を求めて，建

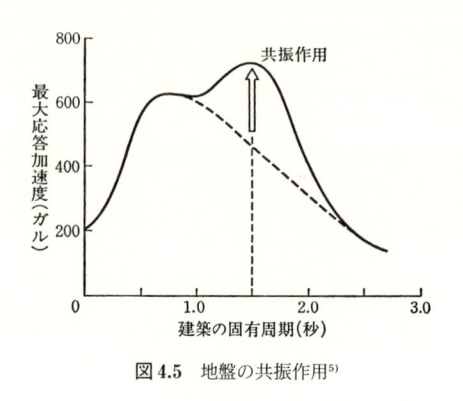

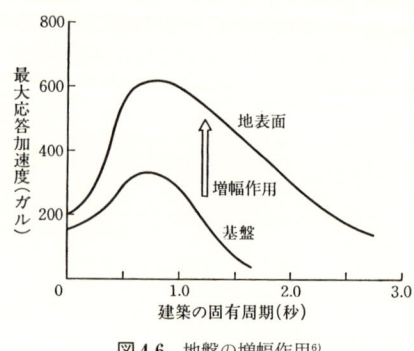

図 4.5　地盤の共振作用[5]　　　　　　　図 4.6　地盤の増幅作用[6]

物の場合と同様に応答スペクトルを用いて地震に対する影響を検討する方法を開発した．

　一般的に，硬い地盤の固有周期は小さく，軟らかい地盤の固有周期は大きい．また，地盤が軟らかい場合は，建物の振動エネルギーが地盤に逸散するので，地震波の破壊力は弱くなるが，地盤が硬い岩盤の場合は，逆に，破壊力が強くなる．

　地中奥深い岩盤からこれらの地盤に地震波動が伝わってきた場合，二つの作用がある．一つは，地盤を通って地表面に達する間に，地震波の中に地盤の固有周期と同じ周期の地震波が含まれていると，建物の場合と同じように地盤が共振現象を起こし，激しく揺れる（図4.5）．もう一つは，地震波が地盤の中に入ると増幅され，一般に，地震波全体が 2～3 倍増幅される（図 4.6）．

◆ 地下の地震の揺れ

　釜石鉱山の地下坑道を利用して 10 年間にわたって行われた核燃料サイクル開発機構の地震観測によれば，垂直方向に配置された観測点での地震の揺れは，地下 110 m 以深では地表の 1/2～1/3 であった．例えば，1933 年に発生したマグニチュード 8.3 の三陸はるか沖地震においては，地表で最大加速度 31.25 ガル，地下 730 m の深さでは 11.32 ガルであり，地表の約 1/3 であった[12]．

(5)　建物の損傷による固有周期の変化，エネルギーの逸散

　一般に，建物が地震波により振動すると，材料内部の摩擦により地震のエネルギーは減衰するが，鉄筋コンクリート造りの建物の壁にひび割れが入ったり，木造建築物の梁と柱の接合部が損傷を受けると，固有周期が延びる（図 4.7）．このため，地震波

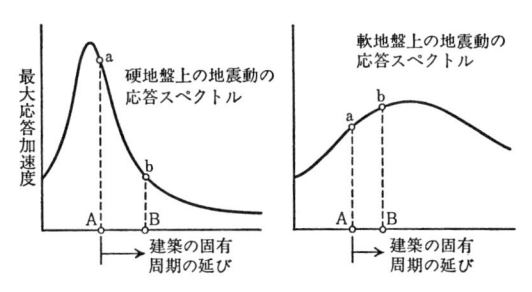

図 4.7　固有周期の延びと作用する力の変化[7]

の応答スペクトルの形により最大応答加速度が大きくなる方向へ延びると，建物の揺れはいっそう大きくなり，損傷が進展し，さらに固有周期が延び，ついには大きく破損する場合もある．最大応答加速度が小さくなる方向に延びると，建物の揺れが小さくなり大きな損傷に至らない場合もある．

4.4　砂地盤の液状化現象

(1)　新潟地震

「新潟地震が起こったのは 1964 年 6 月 16 日午後 1 時 1 分．新潟市内の川岸アパート 4 号館の主婦たちは，昼食の後片付けにかかった頃であろう．突然襲ってきた震度階 V の強震，台所の食器は床に飛び散り，電灯は激しく揺れて天井にぶつかって割れた．

　ぐらぐらと激しい震動がおよそ 10 秒近くも続いたろうか，すると不思議なことに，アパートの揺れ方が一変し，ゆらりゆらりとまるで大きな舟に乗っているような揺れとなり，同時に少しずつ傾き始めた．あわてて逃げ出した人もいたし，そのまま身動きもならず壁際にうずくまっていた人もいた．揺れはおさまったが，傾きはなおもゆっくりと増していって，10 分くらいあとには，なんと鉄筋コンクリート 4 階建てのアパートがひび割れもなく無傷のまま完全に横倒しになってしまったのである．

　隣の 2 号館も，転倒寸前といった状態まで大傾斜していたし，市内では想像もできなかった情景があちこちで出現した．

　地面から砂を含んだ水が一斉に吹き上げ，場所によってはその高さは 4～5 m にも及び，水の吹き上げた後は，噴火口のように穴が無数にあいて，月面クレータを思わせる光景である．新潟空港でも空港ビルの周りから，水がガバガバと吹き出して，滑走路はたちまち水浸しになった．

　市内にある 4 階建てのビルは，1 階が地中にすっぽりと沈んでしまって，遠くから

見ると，少し傾いた3階建てのビルのように見えた．平素は地中に埋まっていて，そこにそんなものがあることには気も付かなかった浄化槽がガボッと地上に浮き上がってきて，人の背丈よりも高く巨大な姿を現わしていた．

これは今までとは違う．われわれが今まで経験してきた振動によって物を壊す震害の様相とは，全く異質のものである……．」大崎順彦東京大学名誉教授の名著書「地震と建築」岩波新書（1995）p.151〜152 から全文引用させていただいた．

これが，人類が世界で初めて経験した砂地盤の液状化現象と報道され，外国調査団も駆けつけ，全世界を驚かせた新潟地震である．

(2) 砂地盤の液状化のメカニズム

液状化は，地下水面が高く，水分を多く含んだ砂地盤で起きる．砂地盤は無数の砂の粒子から成っているが，水平に加わる力（せん断力という）に対しては，砂粒子間の結びつきによる摩擦力で抵抗する．この摩擦力は，砂粒子が上から圧縮されて充填されているほど大きくなる．

水を多く含んだ砂地盤の場合，地震動が加わると，砂と水は攪拌されて，砂粒子間の結びつきが外れて砂と水の混合した液体状態となり，せん断力に対して抵抗力がゼロとなる．地盤がこのような状態になることを，「液状化」という．

液状化した砂地盤の上に建てられた建物，地下に埋設されたものは，あたかも泥水の海の中に置かれたのと同じ状態となり，泥水と建物，地下埋設物の比重の差により重いものは沈み，軽いものは浮上する．また，地盤が傾斜しているところでは泥水は低い方へ流れたり，排水がよくないところでは，泥水が亀裂，あるいは地盤の弱いところを突き抜いて地表面に噴き出したりする．

地震動が停止すると，泥水中の砂が沈殿を始める．沈殿が終わり，よりしまった状態になるまでに，一般に10〜30分かかる．この間に建物が沈下したり，傾斜横転したりする．被害の程度は，液状化の持続時間が長いほど大きくなる（図4.8）．

液状化のメカニズムを理解するには，お茶漬けご飯を思い起こすとよい．冷えて硬くなったご飯に，お湯をかける．これが水に飽和された砂地盤に相当する．最初はご飯は塊となっているが，これを箸でかき混ぜると，ご飯の一つ一つの粒が離れて流動性が良くなる．箸でかき混ぜる動作が地震動に相当する．これを止めると，ご飯が茶碗の底に沈む．重い「ぐ」が入っている場合はご飯粒より下に沈む．

(3) 液状化対策

液状化を防止するには，次のような工法が開発されている．

① ゆるい砂層を締め固めて，砂の粒子のせん断力に対する摩擦力を強くする方法．

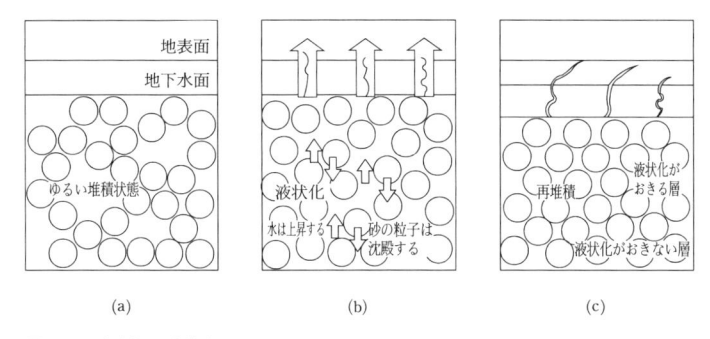

図 4.8 砂地盤の液状化[8]
(a) 地震発生前：地下水面より深い水を含んでいる砂層では，通常は砂の粒がゆるい堆積状態で安定している．
(b) 地震発生中：地震の振動を受けると，砂の粒子は水中に浮遊した状態になる．その後，砂の粒子は沈殿しはじめ，水は上昇して地表面の亀裂から噴出する．
(c) 地震発生後：地震発生後，砂の粒子はゆっくり沈殿し，よりしまった堆積状態になる．

② 液状化が発生しやすい層が薄い場合は，地盤全体を，液状化が発生しにくい砂礫や粘土に置き換える方法．

③ バイブレータを振動させながら砂地盤に入れ，まわりの砂を締め固めた後，バイブレータのあけた穴に砂利を投入し，砂利の柱をつくる（砂杭）．このように地盤を改良しておけば，地震によりせん断力が加わっても，地下水が砂粒子の間より大きい砂利の隙間を通って逃げるから，砂地盤が液状化しない．このような方法をバイブロフローテーションあるいはサンドコンパクションパイル工法と呼んでいる．

この工法により建設された神戸のポートアイランドの建物は，今回の兵庫県南部地震で被害を受けていない．このような地盤改良を行っていない駐車場などでは，水が吹き上げ，自動車がひっくり返っている光景が見られた．

4.5　原子力発電所は大地震が来ても大丈夫か？

原子力発電所の耐震設計法は，地震学，地学，耐震工学といった地震に関係する広い学問分野の関係者の連携と協力によって開発された．特に，地震波がどのように伝わるか，その過程で増幅されたり減衰したりする特性，地盤の強弱が建物にどのような影響を及ぼすのかなどの問題がさまざまな角度から検討され，その成果はわが国の

4.5 原子力発電所は大地震が来ても大丈夫か？

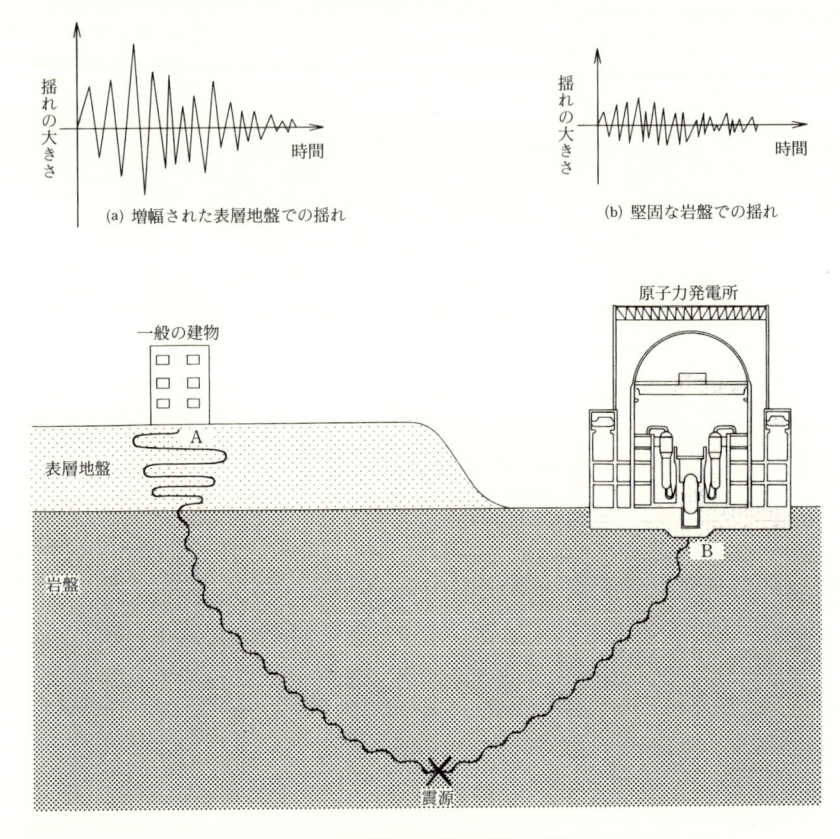

(a) 増幅された表層地盤での揺れ

(b) 堅固な岩盤での揺れ

図 4.9 岩盤と地表面の揺れの差[9]

構造物の耐震設計の進歩に大きな役割を果たした．

各地に建設されている原子力発電所は，「大きな地震が発生しても，周辺住民に放射線による影響を与えないこと」を前提に耐震設計されている．以下に日本の原子力発電所の耐震設計法の概略を紹介する．

(1) 原子力発電所の耐震設計法はどのようにして行われているか

① 活断層の上にはつくらない

原子力発電所の建設用地を決める際には，地質調査を行い，地震の原因となる活断層[*3]を避けて決める．

---

*3 活断層とは，一般に最近の地質時代（第四紀，約 170 万年前以降）に活動した断層をいう．

② 岩盤上に直接建設する（図4.9）

　原子力発電所の重要な機器，建物などは堅い岩盤の上に直接固定する．これは，地震波が岩盤を通して表層地盤に伝わる際に，地盤によって増幅，あるいは共振し，地震の揺れが大きくなるのを避けるためである．

③ 立地点で考えられる最も大きな地震を考えて設計する

　原子力発電所の耐震設計をする際は，周辺の活断層や過去に発生した地震などを詳細に調べ，その立地点で考えられる最大の地震に耐えられるようにする．したがって，設計最大地震は立地点により違う．

④ 建屋，機器の重要度によって分類し，耐震設計を行う

　地震が発生したとき，放射性物質が環境に漏れ出さないように，閉じ込める機能，原子炉を安全に停止する機能の重要度に応じて建物，機器を分類する．

⑤ 大型コンピュータを用いてシミュレーションを行う

　想定した最大の地震が発生したときの重要機器，建物などの揺れを大型コンピュータで解析し，その安全性を確認する．

⑥ 地震時にも原子炉が安全に自動停止する機能を持たせる

⑦ 大型振動台による実証試験を行う

　重要な機器類は，大型振動台で揺らし，設計値と照合チェックする．

⑧ 津波に対する対策

　原子力発電所は，過去の地震による津波の調査から，津波に対して十分余裕のある高さに建設する．

(2) 地盤の地質調査と過去の大地震，および活断層の調査

　敷地の地盤が，原子力発電施設を支えるのに十分堅固であるかどうか，活断層があるかどうか，ボーリング調査などにより，地下の地質構造を調査する（マグニチュード6.5を超える地震の発生源となった活断層は，地質調査で分かるが，それより小さいものは見つからないので，最悪の場合，立地点の近くに，このような活断層が存在したと仮定して，最も厳しい条件として，マグニチュード6.5の直下型地震を想定する）．また敷地周辺の地域で起こった過去の最も大きな地震を文献や地震の観測記録などから調べる．

　さらに地震の規模，深さ，発生頻度など，地震の起こり方に共通の性質を持った地域の地質構造を調べ，その地域で考えられる最も大きい限界的な地震の規模，発生位置を想定する．

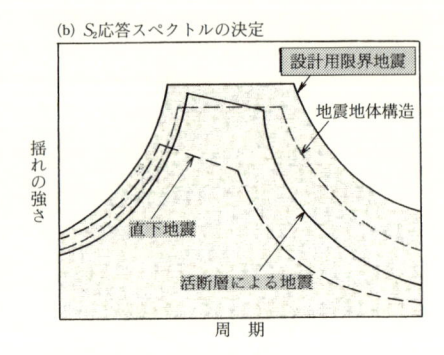

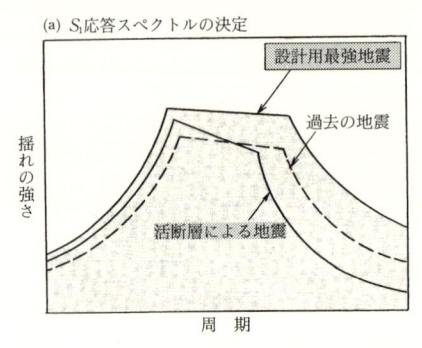

4.5 原子力発電所は大地震が来ても大丈夫か？

(a) S_1応答スペクトルの決定　　　　(b) S_2応答スペクトルの決定

設計用最強地震　　　　　　設計用限界地震
過去の地震　　　　　　　　地震地体構造
活断層による地震　　　　　直下地震
　　　　　　　　　　　　　活断層による地震

揺れの強さ／周期

図4.10 応答スペクトルによる設計用最大地震の決め方[10]

(3) 応答スペクトルによる設計最大地震波の決め方

一般の超高層ビルの設計用最大地震は，アメリカで記録された強地震のエル・セントロ地震波，タフト地震波や建築地点と似ている所でとれた地震の波形を用いるが，原子力発電所の場合，建設地点ごとに設計用最大地震波を決めているので，一般の建物の耐震設計と比較しても極めて厳しいものである．

具体的には，次の2種類の設計用最大地震波の応答スペクトルを考えて設計されている．

これらの応答スペクトルの図は，実際に記録された地震波がなければつくることができないので，震源からの距離，マグニチュードによってあらかじめ定められた応答スペクトル包絡線（図4.10）を使用する．この包絡線は，過去の地震波形を統計的に扱って，一定の安全度を見込んで作成されたものであり，大崎順彦東京大学名誉教授によって開発されたので，大崎スペクトルと呼ばれている．

- 設計用最強地震 S_1：将来起こりうる最強の地震であり，この地震により原子力発電所が壊れないこと
- 設計用限界地震 S_2：これ以上の地震は考えられない限界的な地震を想定し，この地震により原子力発電所は，たとえ施設の一部が壊れても，安全に停止し，周辺住民に放射線による影響を与えないこと．

(4) 大型振動台による実証試験

世界最大の大型振動台が，財団法人原子力発電技術機構の多度津工学試験所にあり，1000トンのものを載せて，水平方向に最大1800ガル，垂直方向に最大900ガル，単独あるいは同時に揺らすこともできる．

この振動台を使用し，原子炉容器，機器，重要な配管などを実物大あるいは実物模

型をつくり，最強地震 S_1，限界地震 S_2 で実際に揺らしてみて，異常がないこと，さらにこれらの1.5倍程度の揺れに対しても安全上問題のないことを実証する．また試験結果とコンピュータによる解析結果を照合してチェックする．

参 考 文 献

1) 石原研而，"液状化のメカニズム"，Newton 臨時増刊号「巨大地震」，p.66, 教育社 (1995).
2) 大崎順彦，"地震と建築"，岩波新書 (1995).
3) 伯野元彦，目黒公郎，"被害から学ぶ地震工学"，鹿島出版会 (1995).
4) 吉見吉昭，"砂地盤の液状化"，技報堂出版 (1991).
5) 渡辺具能，"液状化読本"，山海堂 (1995).
6) 浜野一彦，"地震のはなし"，鹿島出版会 (1995).
7) 通産省資源エネルギー庁編，"原子力発電所の耐震安全性"，原子力発電機構 (1999).
8) 通産省資源エネルギー庁編，"―地震，津波が発生した場合の安全性―「万全な対策」で「安心」を"，原子力発電機構 (1995).
9) 日本建築学界関東支部，"耐震構造の設計"，日本建築学界関東支部 (1993).
10) 大崎順彦，"新・地震動のスペクトル解析入門"，鹿島出版会 (1996).
11) 日本原子力学会編，"原子力がひらく世紀"，日本原子力学会 (1998).
12) 核燃料サイクル開発機構, 地層処分研究開発第 2 次取りまとめ, 核燃料サイクル開発機構(1999).

図 表 の 出 所

1) 杉村新，中村保夫，井田喜明"図説地球科学"，p.192, 岩波書店 (1993).
2) 通産省資源エネルギー庁編，"原子力発電所の耐震安全性"，p.4, 原子力発電機構 (1999).
3) 大崎順彦，"地震と建築" p.77, 86, 87, 岩波新書 (1995).
4) 3)の p.109.
5) 3)の p.137.
6) 3)の p.136.
7) 3)の p.143.
8) 石原研而，"液状化のメカニズム"，Newton 臨時増刊号「巨大地震」，教育社 (1995), p.66 の図を参考にした．
9) 2)の p.6.
10) 2)の p.10.

5 地球の水と大気の動き

　地球環境問題を理解するには，地球の水と大気の動きがどうなっているのか，知っておくことが必要である．地球の表面の3分の2は水で覆われており，その周りは大気で覆われている．水と大気は生物が生命を維持するために大きな役割を果たしている．では，地球の水はどこから来たのか．

　地球の表面の温度は，斜めに向いた高緯度より太陽にまともに向いた赤道付近が，暖まることから，温度分布が不均一となり，これが原動力となって風が吹く．このような風は偏西風とか貿易風といわれる．また，海洋は大陸より比熱が大きく，暖まりにくく冷えにくいので，結果として，沿海部の陸地の気候を温和にする．また，季節によって，大陸の温度と海洋の温度の間に差が生じ，季節風が吹く．海水は，この風の作用と，温度，塩分による密度差により大洋を循環している．

　また，赤道洋上の海水は周囲から熱を奪って水蒸気となり，上空で凝結する．その際放出される潜熱によって，上空の空気が暖められ，膨張し軽くなり，上昇気流をつくって積乱雲を発達させる．やがてそれが台風となって北上し，低緯度から高緯度へ大量の蒸留水と熱を運び，地球の南北の温度分布を均一化する作用をする．

　このように，地球の水と大気の動きは，さまざまな気象現象を通して，われわれの日常生活に大きな影響を及ぼしている．

5.1　地球の水とその特異な性質

(1)　地球の水はどこから来たのか

　宇宙空間に存在する無数の星の中で地球だけに水があるのはなぜだろうか？　地球上に水があるということは，太陽系惑星を構成している材料の中に水素と酸素の原子が存在していなければならない．2.3で述べたように太陽系惑星形成材料には，水素原

76 5.1 地球の水とその特異な性質

子が最も多く,酸素原子が3番目に多い.また,地球生成期のいん石を分析すると,水分子を含んでいる.

つまり,地球の水は,地球本体が持っていた水に微惑星,いん石に含まれていた水分子が加わったものであり,地球形成時,既に存在していたと考えられている.

生成期の地球は,衝突した微惑星の運動エネルギーが熱エネルギーとなり,地球の表面(厚さ数100 km)はその熱で溶けたマグマオーシャンで覆われており,水は水蒸気となって高空の雲となっていたが,地球が冷えると,雨となって地上に降り注ぎ海ができた.

水の分子量は18で軽く,気体になりやすい.地球と地球上の水分子の間には,それぞれの質量の相乗積に比例し,相互の距離の自乗に反比例する万有引力が働く.この万有引力は,分子量18という軽い水分子を重力圏内に引きとめ,宇宙空間に逃がさない.もし,地球の質量が現在の値より軽かったら,かかる引力が小さくなった水分子が宇宙空間に逃げてしまい,地球に水は存在しなかったし,逆にもう少し重かったら,地球生成期に多量に存在していた水素ガス,ヘリウムガスが保持され,生物は地球上に誕生すらしなかったと考えられる.

(2) 水の特異な性質

同じ太陽系惑星で地球の両隣にあり,地球より太陽に近い金星,遠い火星では,現在のところ水の存在は確認されていない.表5.1に太陽からの距離,質量,平均気温,大気の化学組成などを示す.

まず,太陽により近い金星は,表面温度が500°C,大気圧が90気圧である.90気圧の水の沸点は302°Cであるから,水が存在しているとすれば,水蒸気となっていると考えられる.金星の水蒸気は,太陽からの強い紫外線により,水素と酸素に分解され,水素は軽いので,重力圏外に逃げ,酸素は岩石と反応して大気から消失し,金星には水が存在しないとされている.

次に,太陽からより遠い火星については,1997年7月4日火星着陸に成功した火星探査機マーズパスファインダーにより,数十億年前に洪水が起きたと見られるアレス谷に水が蒸発して残ったと考えられる堆積物が発見されている.

また,地下には大量の氷が存在することが確認されているが,火星表面では水は発見されていない.

これに対して,地球は表面温度15°C,大気圧1気圧であり,これは水分子が氷,水,水蒸気として存在しうる自然条件であり,また,太陽から適当に離れているので,水蒸気が強い紫外線により分解されることなく安定に存在できる.

表 5.1 金星, 地球, 火星の質量, 表面重力, 大気組成[1]

	金 星	地 球	火 星
太陽からの平均距離 (10^6km)	107	148.8	277
質 量 (kg)	$4.87×10^{24}$	$5.98×10^{24}$	$6.40×10^{23}$
質量比 (地球を1とする)	0.815	1.0	0.107
表面重力 (地球を1とする)	0.91	1	0.38
大 気 圧 (atm)	90	1	1/149*
表面温度 (°C)	500	15	−60 (-76〜-12)*
大気組成 (%)			
CO_2	96.5	0.034	95.3
N_2	3.5	78.1	2.7
O_2	$2×10^{-3}$	20.9	0.13
Ar	$7×10^{-3}$	0.93	1.6
H_2O	$2×10^{-3}$	(0〜40)	$3×10^{-2}$
H_2	$1×10^{-3}$	$5.3×10^{-5}$	——
He	$2×10^{-3}$	$5.2×10^{-4}$	——
CH_4	——	$1.7×10^{-4}$	
Ne	$1.5×10^{-3}$	$1.8×10^{-3}$	$2.8×10^{-4}$
CO	$3×10^{-3}$	$(4〜20)10^{-6}$	$7×10^{-2}$
SO_2	$1.5×10^{-2}$	$1.1×10^{-8}$	
N_2O		$3.0×10^{-5}$	

* 1997年7月, 火星に着陸したアメリカの探査機マーズパスファインダー号のデータによる.

一般に軽い物質は動きやすく, 気体になりやすく, 重い物質は動きにくく, 液体, 固体になりやすい. しかし, 水分子は軽いので気体になりやすいのに, 地球上のほとんどの地域において, われわれが水蒸気, 水, 氷の三つの状態を目にすることができるのは, 地球の表面温度と大気圧が, 水の三つの状態が共存できる物理環境にあるばかりでなく, 次に述べる水分子の特異な物理化学的性質にもよる.

① 水の場合は液体より固体 (氷) の方が比重が軽い

物質は, 温度が上昇すると体積が大きくなり, 比重が軽くなるのが普通であるが, 水は0°Cから温度を上げると逆に体積が小さくなり, 4°Cで最小となり, 比重が最も重くなる.

したがって, 水は温度が下がると海底に沈みはじめ, 4°Cよりさらに温度が下がると, 逆に, 軽くなり浮き上がり, 0°Cに達すると氷となって水面に浮く.

もし, 0°Cの水の比重が最大で, 氷の比重が水より重かったら, 海底から氷となり, 南極, 北極には魚が住めなくなる.

5.1 地球の水とその特異な性質

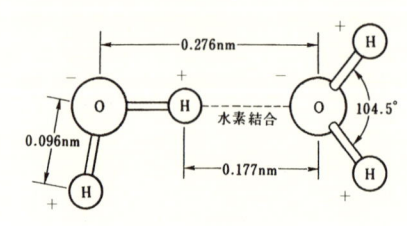

図 5.1 水の水素結合
1 nm＝1 mm の 100 万分の 1

② 生物の生息に適した環境としての沸点，融点

水が 1 気圧下で，100℃で沸騰し，0 ℃で凍るという物理化学的性質は，生物の環境にとって誠に都合のいい値である（あるいは，生物が長年にわたる進化の結果，このような環境に適応できるようになったのかもしれない）．

同じような性質の化合物分子と比較すると，水分子の沸点，融点はともに 100℃くらい高い．これは，水分子同士が，水素結合[*1]という強い力でお互いに結びついていて，離れようとしないからである．したがって，液体から分子運動が自由な気体になるのに要するエネルギーである気化熱（潜熱）も大きくなる．

(3) 水は強い溶解力で物を溶かして運搬する

水は強い溶解力と運搬力を持つ．すなわち，海で蒸発した水は降雨となって地球表面のいろいろな物質を溶かし，溶解物を河川水と一緒に海に運ぶ．そして，水は地球表面を物理的，化学的に変える大きな働きをする．

(4) 大きな比熱と潜熱により気候を緩和する

水はその大きな潜熱（気化熱，凝縮熱）により，熱の運搬，気候緩和などの作用をする．水の比熱は大陸を構成する土，岩石と比較して 4 倍くらい大きいので，暖まりにくく冷えにくい性質を持っている．つまり，水は温度が急激に変化しないので，海に面した陸地の気候を温和にする．

日本の太平洋沿岸部は，暖流の黒潮のため温和な気候帯となっており，黒潮の一部は，対馬海峡を通って日本海に入り，東北地方の沿岸部にまで達するので，冬の厳しさがかなり抑えられている．

[*1] 水分子とは，図 5.1 に示すように，酸素 1 原子を中にして，水素 2 原子が 104.5°の角度で，0.096 nm の距離で，ちょうど「へ」の字のように結合しており，水素 2 原子は最外殻電子を酸素 1 原子と共有している（これを共有結合という）．水分子は分子全体では電気的に中性であるが，中心部の酸素原子は－電荷，両端の水素原子は＋電荷を持ち，この間隔が大きい．このような分子を極性分子という．
水分子は極性分子なので，－電荷を持つ中心部はほかの分子の＋電荷端に，＋電荷を持つ両端は－電荷端に引きつけられる．このようにして電気的に他分子と結合することを水素結合と呼んでいる．
また，氷がきれいな結晶を保っているのも，生命を支える DNA が 2 本寄り添って二重らせん構造をつくっているのも，水素結合による．

水は1気圧下で100℃で沸騰し，全部水蒸気となるまで，温度は上がらない．このとき，1gの水が蒸発するのに，周囲から539.8カロリーという大量の熱を奪う．これを気化熱という．逆に水蒸気が冷えて凝縮するときは，この潜熱を凝縮熱として周囲に放出する．この大きな潜熱は，熱の大量輸送媒体としての性質を持つ．ちょうど，家庭のエアコンのフロンのような優れた冷媒の性質を持っている．

5.2 海の働きと海水の動き

海は，さまざまな生物の生活の場であるとともに，赤道地域の熱を極地方に運び，海面から蒸発した水蒸気によって大気中の水分を補ったり，さまざまなものを溶かす．最近では，温暖化の元凶の二酸化炭素の大きな貯蔵庫として注目されている．

海水の大きな動きの原動力は，風による循環力，密度差による循環力，および月・太陽の引力の起潮力による循環力の三つがある．現実の海洋では，これらの力と地球の自転によるコリオリ力[*2]の影響を受けるので，風呂の中の水の対流のように単純ではなく，もっと複雑な流れをしている．現在までの研究では，海洋の表層付近は風による循環が，深層では密度差による循環が卓越していると考えられている．起潮力による循環は海水の往復運動なので，外洋で海水を循環混合する作用は海流より弱いが，鳴門海峡のような強い潮流を生じる海峡や，有明海のような浅い海ではその作用は大きい．

(1) 風による循環（風成循環）

海洋の表層付近の大きな流れである海流は，中緯度の偏西風によって東向きの流れ，貿易風（東風）によって西向きの流れというように，風の分布と対応している．このように，風に引きずられてできる流れを風成循環と呼ぶ．しかし，地球が自転しているために生じるコリオリ力と，大洋の東西を，南北に立ちはだかる大陸のため，風の方向とは必ずしも一致せず複雑な流れとなる（図5.2）．

ここで注意すべきことは，大気の場合，「西風」は西から吹く風をいい，風の吹いてくる方向で表現するが，海流の場合，同じ流れを「東向きの流れ」と下流の方向で表現することである．

[*2] コリオリ力とは，転向力とも呼ばれ，地球が自転していることによる「見かけの力」である．例えば，北極から北緯60°の地点に立っている人に向って弾丸を発射すると，北極星からは弾丸が一直線に進行するように見える．しかし，地球上の人は，地球の自転により右向きにまわっているので，人からは弾丸が左に外れたように見える．つまり，弾丸に右向きの力（転向力）が加わったように見える．

80   5.2 海の働きと海水の動き

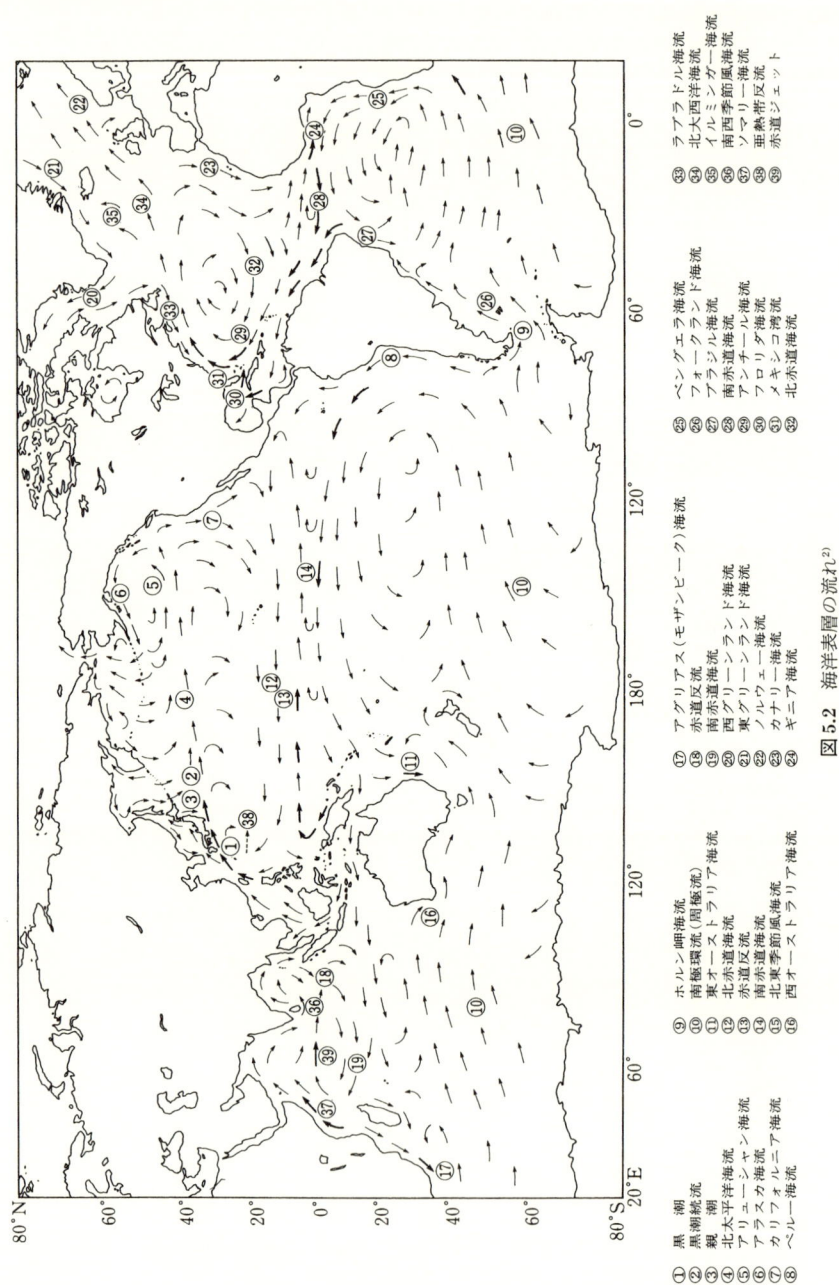

図5.2 海洋表層の流れ[2]

① 黒　潮
② 黒潮続流
③ 親　潮
④ 北太平洋海流
⑤ アリューシャン海流
⑥ アラスカ海流
⑦ カリフォルニア海流
⑧ ペルー海流
⑨ ホルン岬海流
⑩ 南極環流(周極流)
⑪ 東オーストラリア海流
⑫ 北赤道海流
⑬ 赤道反流
⑭ 南赤道海流
⑮ 北東季節風海流
⑯ 西オーストラリア海流
⑰ アグリアス(モザンビーク)海流
⑱ 赤道反流
⑲ 南赤道海流
⑳ 西グリーンランド海流
㉑ 東グリーンランド海流
㉒ ノルウェー海流
㉓ カナリー海流
㉔ ギニア海流
㉕ ベンゲラ海流
㉖ フォークランド海流
㉗ ブラジル海流
㉘ 南西季節風海流
㉙ フロリダ海流
㉚ メキシコ湾流
㉛ 北赤道海流
㉜ ラブラドル海流
㉝ 北大西洋海流
㉞ イルミンガー海流
㉟ 南西季節風海流
㊱ 亜熱帯反流
㊲ 赤道ジェット

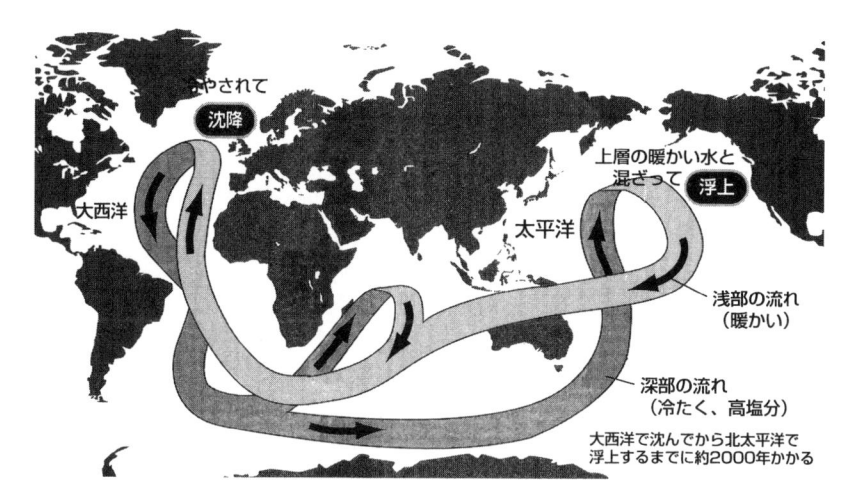

図 5.3 深層水のベルトコンベア[3]

(2) 密度差による循環（熱塩循環）

海水の密度差による循環は，温度による密度差と塩分による密度差の二つがある．これらを熱塩循環と呼ぶ．熱による循環は，赤道付近で温められた密度が軽くなった海水表面の水と，高緯度で冷えて密度が重たくなった海水との間で起こる．塩分による循環は，一般的に赤道海域の方が塩分濃度が濃く，高緯度の水は塩分濃度が薄いので，塩分濃度の濃い水が塩分濃度の薄い海域へ拡散していく．風の影響が及ばない深海の水の流れは，このような密度差による循環が原動力と考えられており，その流れは非常に弱く，ゆっくりしていて，深層海水と表面海水が全部入れ替わるには1000～2000年かかると推定されていた．

1996年アメリカのコロンビア大学のウォーレス・ブロッカー教授が，深層海水は図5.3に示されたような世界の海洋にまたがる大循環をしているという「深層水のベルトコンベア」説を出し，確かめられつつある．

◆ 厭うべき核実験の効用

ウォーレス・ブロッカーの説によると，グリーンランド周辺のラブラドル海やノルウェー海には，赤道海域から北上する塩分濃度の濃い表面海水は温度が冷えてさらに密度が増加し，やがて水だけ氷結し，氷から塩分があたかも水に垂らしたインキのようにしみ出し，局地的に塩分の濃い水をつくる．この水は，大陸斜面に沿って沈降し，大西洋の深さ3000～4000m付近をゆっくりと南極海まで南下する．

一方，南極海のウェッデル海でも，寒冷な気候によって冷たい高密度の水がつくられ，海底5000m以下の深海に沈み込み，大西洋の深層水と合流し，南極海の周辺を東に流れて，インド洋や太平洋に流れ込み，各大陸の底部を北上する．このとき，上層の海水と混合して上昇し，次第に密度差がなくなり，ついには表層水となって，深層水と逆向きになり，最終的には北大西洋の南極海のウェッデル海とグリーランド周辺に戻って，ゆっくりとまわっている．北大西洋で沈み込んだ海水が北太平洋で浮上するまでに約2000年かかると試算されている．最近の研究で，この深層海流は地球の南北の温度差の均一化に大きな役割を果たしていることが分かってきた．

このような深層水の動きは，近年まで詳しいことは分かっていなかったが，1960年代初期に集中して行われた核実験により生じたトリチウム（三重水素，放射性同位元素，半減期12年）が取り込まれた三重水がβ線を出すので，これを追跡調査することによりこのような深層水の動きが分かってきた．

また，炭素の同位元素C14（半減期5730年）は，大気中で宇宙線が当たり生成される量と，放射線を出して減っていく量とがバランスを取って，常に一定の比率を保っている．二酸化炭素が海水に溶け，深層に沈み込むと，宇宙線を受けないので，二酸化炭素中のC14の量は指数関数的に減少する．したがって，海水が深層に溶け込んでからの年数が分かり，その地域分布から循環速度が推定できる．

(3) エル・ニーニョ現象（海水の異常な動き）

海水は，前述した風成循環，熱塩循環により，通常同じような大きな動きをしているが，日本沿海部の黒潮の流れが大きく変化したり，通常と比較して地域的あるいは地球規模の大きな変化が見られることがある．エル・ニーニョ現象（スペイン語で「神の子」の意味）もそのうちの一つである．

南米ペルーの沖合は，貿易風（東風）によって，太平洋の水が西に流されるので，それを補うように海の深いところから温度の低い栄養塩に富んだ水が表面に湧き上がってくる海域である．このため世界でも有数の漁場でもある．湧き上がった水は，東風に押されて西に移動する間に太陽放射によって暖められるので，西太平洋には暖かい水がたまり，さらに熱帯赤道域の強い太陽放射によって蒸発し，積乱雲となって上昇し，激しい対流活動を起こし，インドネシア方面に雨をもたらす．

この通常の海水の動きに対して，何らかの理由で東風が弱まると，暖かい水を西に押す力が弱くなり，その結果，暖かい水が東に移動し，水蒸気の激しい対流活動の中心は東へ移動する．このため，中部太平洋の島などでは異常な多雨に見舞われたり，

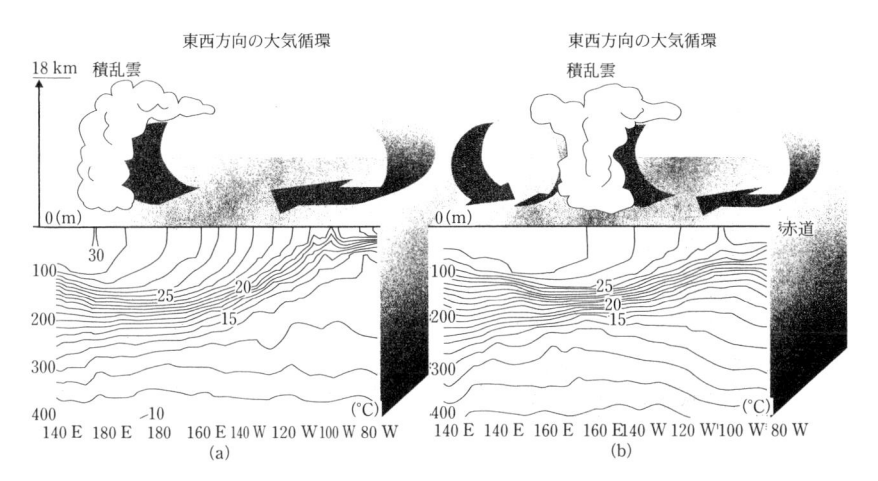

図 5.4 エルニーニョ現象があるときとないときの海面水温と大気循環の比較[4]
(a) エル・ニーニョ現象がないときの赤道太平洋の海面水温の鉛直断面（1996年12月）
(b) エル・ニーニョ現象が発生したときの赤道太平洋の海面水温の鉛直断面（1996年6月）

逆にインドネシア方面では雨量が減少し、ときには干ばつとなる。また、普段熱帯赤道域で発生する台風もハワイ近海で発生したりする。さらに、暖かい水が太平洋の東端、南米沖にまで達すると、南アメリカでは異常な多雨となる。これが、エル・ニーニョ現象である（図5.4）（ラニーニャ現象はこの反対の現象をいう）。

エル・ニーニョ現象は、沿岸の気候に影響を及ぼすばかりでなく、世界的な異常気象の発生とも関係があるといわれている。また、海中のプランクトンを死なせてしまうため、漁場に壊滅的打撃を与える。

1976年から1977年にかけて、北アメリカ中部から東部にかけて猛烈な寒波が襲った。日本でも北海道を中心に記録的な厳しい寒さに見舞われた。逆に、この中間にあるカムチャツカやアラスカでは記録的高温となった。

1982年から1983年にかけて、南アメリカのエクアドル、ペルー、コロンビアなどで3000mm以上の降雨があり、各地で大洪水が起こり、ペルーでは砂漠の中に琵琶湖の十数倍の湖ができたりした。

これらの時期にいずれも、エル・ニーニョ現象が発生していたことから、これらの異常気象とエル・ニーニョ現象の間に何らかの関係があるのではないかと注目を集め、研究が行われているが、まだ完全に解明されていない。

5.3 水の循環と水質汚染

水分子は，水，水蒸気，あるいは氷の三つの状態に変わりながら化学的に変化することなく，地球上を循環している．また，その循環の過程で加えられた影響がその後の過程に影響を及ぼす．その典型的な例が水質汚染である．水は生命の維持，食料生産といった人類の生存基盤を支えているばかりでなく，豊かで快適な生活をするためには水資源の量と質の確保が不可欠である．これらの問題を理解するには，まず水の利用の現状を知っておく必要がある．

(1) 日本の水資源と水利用の現状（図 5.5）

日本の，水資源とその利用の現況を紹介する．日本列島の最近 30 年間の年平均降水量は 1714 mm，年平均降水総量（1966～1995 年，全国約 1300 地点の観測データをもとに国土庁で算定）は 6500 億トンであり，世界の平均降水量，約 970 mm の 2 倍弱である．これに，日本の国土面積をかけ，全人口で割り 1 人当りの年平均降水量を見ると，世界平均の 4 分の 1 程度の約 5200 m^3 となり，諸外国に比べて必ずしも豊富ではない．日本は，梅雨時，台風襲来時，冬季に集中して雨や雪が多い．また，日本列島の中央部にちょうど魚の背骨のように山脈が走っているので，河川は急勾配で短い．このため降水総量の 1/3 は洪水となって海に流れてしまう．したがって，降水総量のうち実際に利用できる量は，蒸発，植物からの蒸散，地下水となるもの，直接海に流出するものを差し引くと，約 2000 億トンと推定されている．

国土庁の 2000 年の水需要は約 1060 億トンと想定されている．水資源は季節，地域によって違うので，この数字を見て直ちに量的に余裕があると考えてはいけない．常に安定した水量を需要地に供給するためには，それなりの設備，すなわちダム，貯水池などを建設し，水を目的地に運び，需要量に合わせて供給する設備が必要である．特に，日本の河川は，豊水期と渇水期の流量の差が大きいのが特徴であり，安定した水の供給にはダムが必要不可欠である．日本のダムの総貯水容量はアメリカの 5.5 % に過ぎない．東京圏の 1 人当りのダムの貯水量 30 m^3 を各国主要都市のそれと比較すると，ニューヨークの 285 m^3，ソウルの 392 m^3，ロンドン 35 m^3 であり，決して多いほうではない．

現在，水は生活用水，工業用水，農業用水として使用されているが，水力発電に使用する水は通過するだけで水を消費しないので，一般の書物にあまり紹介されていないが，水力発電所は日本全国で，最大出力 4302 万 kW（1997 年現在）であり，日本の

5　地球の水と大気の動き　85

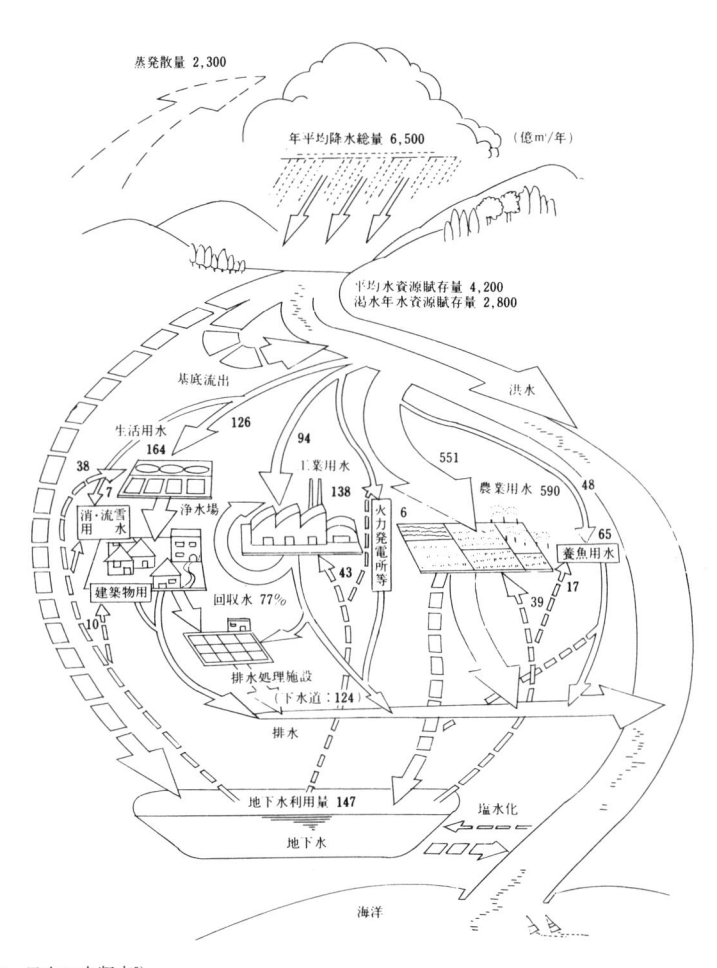

図 5.5　日本の水収支[5)]
注 1)　年平均降水総量，蒸発散量，水資源賦存量は昭和41年〜平成7年のデータをもとに国土庁が算出．
　2)　生活用水，工業用水で使用された水は平成8年の値で，公益事業で使用された水は平成9年の値で，国土庁調べ．
　3)　農業用水における河川水は平成8年の値で，国土庁調べ．地下水は農林水産省「農業用地下水利用の実態」(昭和59年9月〜60年8月の実績量の調査) による．
　4)　養魚用水，消・流雪用水は平成9年度の値で，国土庁調べ．
　5)　建築物用は，環境庁「地下水渇水量等実態調査」(46〜9年度)，地方自治体による実態調査等による．
　6)　排水処理施設は，下水道，集落排水，合併処理浄化槽を含む．以下同じ．数値については下水道における処理量，平成9年度の値で建設省調べ．
　7)　火力発電所等には，原子力発電所，ガス供給事業所，無供給事業所を含む．

表 5.2 地球の水の分布[6]

位　置	水　量 (10^{12}kl)	全体に対する百分率	平均滞留時間
淡水湖	125	0.009	10 年
塩水湖および内陸海	104	0.008	
河川水	1.1	0.0001	2 週間
懸垂水（土壌湿気を含む）	66.6	0.005	2〜50 週間？
深度 800 m 以浅の地下水	4 200	0.31	⎱ 10 000 年
深度 800 m 以深の地下水	4 200	0.31	⎰ (数時間〜10万年)
万年氷および氷河（南極の雪氷が 90 %）	29 000	2.15	15 000 年
大　気	12.9	0.001	10 日
海　洋	1 319 800	97.2	4 000 年

［アメリカ，地質調査所による．B.J. Skinner, 1982］

総発電電力量の 10.6 % をまかなっている．現在，経済的に採算がとれる地点は，ほとんどすべて開発されているといった現状である．

そのほかのわが国の水使用（消費）実績（地下水を含む，1996 年度）は，合計で 891 億トンであった．その内訳は生活用水 18 %，工業用水 15 %，農業用水 66 % であった．近年は，水道の普及と相まって，生活用水が着実に増加（1975 年以降，伸び率は年平均 2.3%）している．工業用水は不況の影響と回収率を上げるなどの有効活用により少し減少し，農業用水は横ばいである．

◆ 河川水を何回も有効利用する揚水式水力発電所

最近建設される水力発電所は大容量だが，揚水式発電所といわれるものがほとんどであり，火力あるいは原子力発電所の電気で深夜，発電機をモータとして，水車を逆転させ，ポンプにして下池の水を上池に汲み上げておいて発電する．河川水を上げ下ろしして何回も有効に利用し，電気の貯蔵庫として重要な役割を果たしている．

(2)　水の循環と汚染

中緯度の湿潤温暖な森林流域では，降雨の約 10〜20 % は地表面を流れて川に入るが，80〜90 % はいったん土中に入り，樹木に吸い上げられて蒸発散したり，染み出し川に流れ込んだり，一部は地下に浸透し地下水となる．日本は雨が多く，河川は急勾配で長さが短いので，雨水の循環が早いが，それでも普段われわれの生活に使っている水は，20 年くらい前のものであるといわれている．また，一般に利用されている地下水は表層の土壌層に染み込んでいた水が主であるが，深層の岩盤に染み込んでいる

地下水は何千年あるいは何万年も前の水も存在する（表 5.2）.

　水は，流れとともに汚染物質を希釈したり，吸着，凝集，沈殿させたりするほかに，水中に生息する微生物から魚に至るさまざまな生物により，水中の有機物を分解して取り除き，水を浄化する働きをする自浄作用があることが知られている．上下水道も，基本的にはこの浄化作用を利用している．

　河川の水質は，水源がどこにあるのか，その水がどんな経路を経て流出してきたのか，その間の滞留時間などにより，きれいに浄化されたり，生物に有益な天然物質を溶かしたり，あるいは害のあるものが混入したり，溶け込んだりして変わる．水質保全の第 1 条件は，まずこのような水の流出経路に有害物質を投棄しないことである．

　水の流出経路，滞留時間，年代などを調べるには，放射性同位体のトリチウム，炭素 14，塩素，あるいは放射線を出さない同位体である重水素などがトレーサーとして用いられる．例えば，トリチウムの放射能の減衰の程度により，その水が何年前に降った水かが分かる．また，重水は普通の水より重いので，蒸発しにくく，雲の中では下層の方に多く含まれる．したがって，山頂に降る雨と裾野で降る雨とでは重水の含有量が違う．そこで水の重水含有量を調べれば，その水が山のどの高さに降った雨かが分かる．これらのトレーサーによる調査結果と地形，地質調査とを突き合わせることで，現在ではかなりの精度で水の流出経路，滞留時間などが推定できる．

◆ **表層水の追跡調査研究**[20]

　核燃料サイクル開発機構東濃地科学センターにおいて，東濃鉱山周辺を事例研究の場として気象，河川流量，地下水位などの観測機器を設置し，表層水追跡システムをつくり，1989 年より今日までの約 10 年間にわたり降雨の追跡調査研究が進められてきている．この研究の 1989 年の 5 月から 1990 年 4 月までの観測結果によれば，年間降雨量 1944 mm の 23 ％が蒸発散し，67 ％が地表を流れて川に入ったり，いったん地中に染み込んだのち川に入る．そのほか 10 ％が地表付近の土壌などの未固結層からその下の岩盤（堆積岩）へ浸透することが分かった．また，地下約 130 m の岩盤に染み込んでいる地下水は 1 万数千年前の水（降雨）であることも分かった．

　そのほかの結果も合わせると，東濃鉱山周辺の年間降雨量のうち，蒸発散量が 20～30 ％，河川に流れ込む量（土壌の地下水も含む）が 50～60 ％，地表付近の土壌などの未固結岩からのその下の堆積岩への地下水浸透量は約 10～20 ％と考えられている．

5.4 大気の動きと大気汚染物質の長距離輸送のメカニズム

(1) 対流による大気の上下の動き

地球をとりまく大気を動かす原動力となっているのは，太陽光の放射エネルギー量が赤道付近では多く，南極や北極を中心とした高緯度では少ないことから発生する両者の温度差である．すなわち，地球をとりまく大気は赤道付近で温められ，体積が膨張し，軽くなり上昇しようとする，逆に両極の冷たくなった空気は，体積が収縮し，重くなり下降しようとして，上層では極方向へ，下層では極から赤道方向へ緩やかに流れる．このような地球規模の対流による大気の流れを大気の大循環と呼んでいる．

しかし実際には，地球の自転によるコリオリ力が働くためと，地球の形が球形であるため，前述のように単純ではなく複雑な大気流を生じる．

一つは，赤道付近で上昇した大気は北へ向かって流れるが，冷えてコリオリ力により西風となり[*3]，北緯30度付近で下降し，地表近くで北東貿易風となって赤道に戻

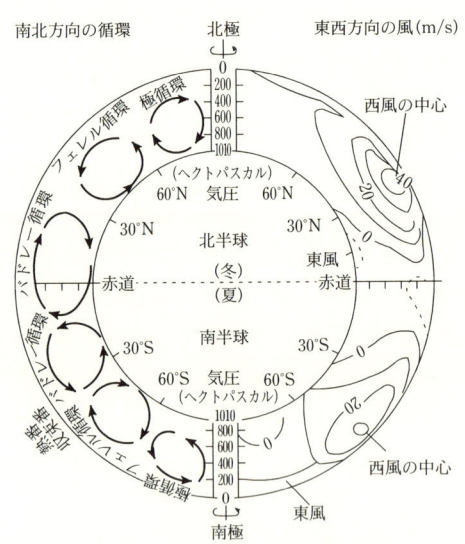

図5.6 半球の冬の平均した大気の循環[7]
右側は東西平均した大気の流れ．数字の単位は秒速(m)．左側は南北方向の主要な流れの方向．高さは気圧で表わしてあるが，200ヘクトパスカルが約10kmの高さに相当する．

る。このように熱帯から中緯度に熱を運ぶ大気の循環をハドレー循環という。もう一つは，北緯60度付近で空気が持ち上げられ，30度付近で空気が下降してくるフェレル循環というものである（図5.6）。この中高緯度地帯の大気の循環は，低気圧や高気圧の移動・消長に伴って，不安定であり，安定した大気の循環ではない。中高緯度に位置する日本の天気が日々大きく変化するのはこのためである。

(2) 偏西風（ジェット気流）

中緯度から高緯度の間の上空には，いつも西寄りの風が吹いている。この風を偏西風といい，高さ10〜12 kmで最も強く，風速は冬が強く，通常40 m/s以上，最大100 m/sを超す場合もある。その幅は数100 km厚さは数kmある。このような強い偏西風をジェット気流と呼ぶ。ジェット気流は，西から東に南北に大きく波打って吹いている。この南北の波状のうねりは冬と夏で著しく異なり，また日々変動する。この現象は，図5.7に示すように東西方向の風の流れが速くなると，気圧の渦が発生しやすくなり，地域的に存在する地上の高気圧の渦（風の向きが時計方向）に対応して南に振れ，低気圧の渦（風の向きが反時計方向）に対応して北に振れながら西から東へ進む。この南北のうねりは，地球の赤道付近から高緯度へ熱を輸送し，地球の温度差を均一化する重要な働きをしている。

このジェット気流を北極の上から見ると，北極を中心にぐるっとまわったリング状になっており，これが南北の大気の移動を遮るので，北半球の中高緯度の先進国の国々から排出される汚染物質が北極にたまりやすいことが分かる。また，ジェット機でアメリカへ行くとき，往きの方が帰りより早く到着できるのは，このジェット気流の影

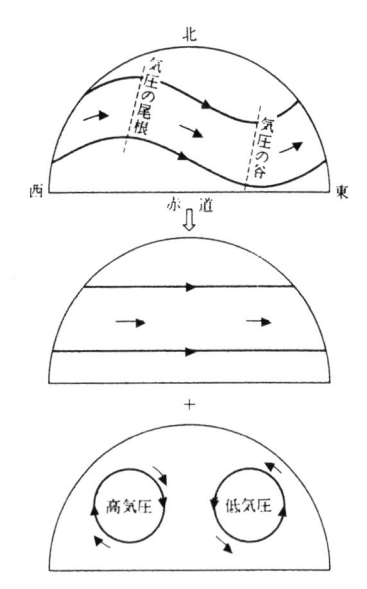

図5.7 高層の大気の流れ[8]
高層の大気の流れは，東西方向の風の流れと渦の合成流。

＊3 大気が赤道から北へ動く場合，コリオリ力により西風となるのはなぜか。
　大気は地球にへばりついてまわっているから，赤道の大気は，地球の自転とともに24時間で4万km動いていることになる。そして，北緯60度の地上の大気は，円周が2分の1となり，赤道上の大気の2分の1速度で地上にへばりついてまわっている。したがって，赤道から来た大気の塊は，北緯60度の地上の大気との相対的な速度差により東に動く西風に見える。この見かけの力は，大気が赤道から北へ動く場合，大気が動く方向に向いて右向きに働く。

響である．チェルノブイルの灰は，スカンジナビアまで北上し，北欧からシベリア上空を偏西風に乗って，シベリア沿海州へ来て，下降流に乗り，日本海を渡り，日本に達している．

(3) 季節風（モンスーン）

季節によって，太陽の放射エネルギーの流入量が変化すると，大陸は海洋より比熱が小さいので，冬は冷えて低温になり，夏は熱せられて高温になる．このため，大陸上の空気は冬には冷やされて収縮し，高気圧となり，夏には熱せられて膨張し，低気圧となる．これに対して，海洋上の空気は気圧の変化が起こりにくい．この結果，冬には気圧の高い大陸上の空気が海洋へ向かって吹き，夏にはこの逆となる．

日本では，冬，シベリア地方に高気圧が発達し，日本海に向けて北西からの季節風が吹く，夏には，小笠原付近に高気圧が発生し，大陸に向けて南風の季節風が吹く．

(4) 地上付近の風の動き

地上付近では，地面の障害物との摩擦により，地上に近いほど大気の流れが遅い．流れが遅いとコリオリ力もそれに比例して小さいので，複雑な流れとなる．

偏西風などの上層の風，季節風などは地球規模の大きな風であるが，地上付近のより狭い範囲で吹く風を局地風という．身近な局地風としては，海陸風，山谷風がある．

海風，陸風とは，陸と海の表面温度差による1日周期の風のことで，海岸地方で吹く．日中は陸が海より高温になり，陸上の暖められた空気は体積が膨張して軽くなり，上昇し，そこへ海上の涼しい風が流れ込んでくる．夜間は逆に海が陸より暖かいので，陸から海へ風が吹く，これらを海風，陸風という．10時と20時頃，風がやみ，凪と呼ばれる．

谷風とは，山岳地帯で日中暑くなった山肌で暖められた空気が，膨張して軽くなり，谷から山頂へ吹く風である（頂上や稜線で，下から吹き上げてくる，しばし登山の疲れをいやす涼しい風がそれである）．

また，山岳地帯で夜間に山の斜面が放射冷却により周囲より激しく冷え込み，それに接していた空気が冷やされ，重くなって山の斜面に沿って下降する風が吹くが，これを山風という．

(5) 大気汚染物質の長距離輸送のメカニズム

火山灰や核実験の灰が，偏西風や貿易風に乗り，1週間程度で地球を1周することはよく知られている．当初，地表付近で排出される硫黄酸化物，窒素酸化物などの大気汚染物質の拡散範囲は，対流圏上層に達する火山灰などとは異なり，工場周辺，都市スケール程度の局地的なものとされていたが，1970年代になってから，酸性雨，光

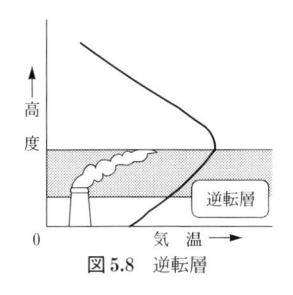

化学オキシダント*4が汚染源から数百～数千kmの遠隔地に発生するケースが出てきたことにより，広範囲にわたることが分かった．このような大気汚染物質の長距離輸送のメカニズムは，種々の局地風が合体して大規模風になり，これに汚染物質が乗って運ばれるというものである．

図5.8 逆転層

例① 3～5月，日本を襲う黄砂は，ゴビ砂漠や黄河流域で寒冷前線通過直後の強風に巻き上げられ，偏西風に乗り，朝鮮半島，日本列島上空に飛来する．ときには，ハワイ，アメリカ西海岸にまで達する場合もある．その輸送距離は2000～数千kmにもなる．中国の大気汚染物質もこのようなメカニズムで日本に飛来すると考えられている．

例② 日本の場合，大気汚染物質の主要発生源は，臨海工業地帯，大都市にある．そのような地域に発生しやすい海陸風は，気圧傾度，海岸線の屈曲，陸地の起伏により変化するものの，定常海風と合体して，大規模風となり，大気汚染物質を数百kmも運ぶ例がある．

例えば，京浜工業地帯や周辺の大都市から大量に発生した汚染物質は，まずその前夜の陸風により，東京湾，相模湾上空に集積される．翌日，大規模な海風に乗せられて関東平野を北上し，碓氷峠を抜けて，200km以上も輸送され，夜半に中部山岳地帯中央部に到着する．風のない晴れた日の夜，山の斜面の大気が放射冷却で冷えて，上空の大気より温度が低くなり，逆転層*5が形成されている場合に，汚染物質を含む大気がここに流入すると，拡散を妨げられ，夜半に光化学スモッグを発生させることが知られている．

---

*4 光化学オキシダント（光化学スモッグともいう）とは，大気中で窒素酸化物と炭化水素が紫外線によって光化学反応を起こして発生する．気温が高いと光化学反応は進みやすいので，一般に気温が高く紫外線の強い夏期に発生しやすい．濃度が高いときは，白っぽい靄となる．

*5 逆転層とは（図5.8）
太陽光線は大気にほとんど吸収されずに透過する．この太陽光線によって暖められた地球からは，熱が大気へ放射されるので，地表付近の大気は温度が高く，標高の高い山頂などは温度が低い．このため，地表付近の大気は暖められて上昇し，上空で冷やされて重くなって下降する．これと逆に地表付近の大気が放射冷却などにより冷え，上層の空気より局地的に温度が下がることがある．このような大気の状態を逆転層という．逆転層ができると，地表の空気は重く，上部の空気は軽いので安定し，空気の密度差による対流が起こりにくい．

もし，工業地帯に逆転層ができると，工場，自動車などから出た汚染物質が，ちょうど，逆転層内に閉じこめられた状態となり，局地的にスモッグが発生する．その対策としては，煙突の高さを逆転層が形成される高さより高くするなどの公害対策がとられている．

◆ ロマンチックなロンドン名物の霧は，実は大気汚染のはしり！

有名なロンドンの霧は，冬期気温が露点以下に下がり，空気中の水分が凝結しやすい過冷却状態になっているとき，石炭燃焼のばい煙の中に含まれる未燃炭素の微粒子が核となり発生したものである．ロンドンでは産業革命以後，石炭の消費量が増え，石炭燃焼に伴って発生するばい煙，硫黄酸化物により大気汚染が激しくなった．冬季に，逆転層が形成されて，煙の拡散ができない気象条件のとき，家庭の低い煙突から出る石炭ストーブのばい煙により霧が発生し，死者が出るほどのひどい大気汚染が発生した．こうして，スモークとフォッグがつなぎ合わされたスモッグという言葉が生まれた．チャールス・ディケンズの小説にも出てくるロマンチックなロンドン名物の霧は，実は大気汚染のはしりであった．

今日では，スモッグという言葉は，大気汚染と同じ意味に使われているが，日本で最近問題にされるスモッグは，ばい煙による黒いスモッグより，主として自動車の排気ガスに含まれている窒素酸化物と炭化水素が紫外線により光化学反応を起こして発生する白いスモッグである．

5.5 大気中の水蒸気と気象現象

水は赤道洋上で暖められて蒸発し水蒸気となるが，このとき，まわりから大量の気化熱を奪う．水蒸気は，暖められた空気と一緒に上昇し，上空で冷やされて凝縮し水滴，氷粒となる．このとき凝縮熱を放出する．これにより上空の空気が暖められ，さらに上昇気流が盛んになる．放出された凝縮熱の熱エネルギーは大気を動かす運動エネルギーとなる．水滴，氷粒は凝集し積乱雲となり，やがて台風に発達して北上し，赤道上の海域の大量の熱エネルギーを雨と風に変えて，赤道地方から中高緯度地方へ効率的に運び，地球の南北気温の均一化に大きな役割を果たしている．つまり，台風は，風水害をもたらす困り者であるが，一方で大量の蒸留水を風に乗せて運んでくれる救世主でもある．

大気はその気温に応じて水蒸気を含む最大量が決まっており，その量は気温が高くなるほど大きい．この量を飽和水蒸気量という．大気中の水蒸気量が飽和していなければ，気温が低くても，気圧が高くても水は蒸発する．湿度はその温度の飽和水蒸気量に対するそのときの水蒸気量を表すが，湿度が低いことは水が蒸発しやすい状態を示し，湿度が高ければ水蒸気が蒸発しにくい状態を示す．これは日本の夏の蒸し暑さ，冬の異常乾燥を思い浮かべれば分かる．

不連続線[*6]が通過すると，天気が悪くなり，霧が発生したり，雨が降ったりするのは，暖かい空気が冷たい空気と接触し，気温が急に下がり，大気の飽和水蒸気量が小さくなるため，大気中に含まれていた余分な水蒸気が絞り出されて凝結して結露し，霧，雨となるためである．

　このほかに，大気中に含まれる水蒸気は，二酸化炭素と同様に赤外線（熱線）を吸収し，温室効果により地球温暖化をもたらす．しかし，二酸化炭素のように大気中に蓄積することはない．水蒸気が凝結した雲は，地表面を覆って，日傘効果により太陽放射を妨げたり，地球の温度を下げる働きをする．同時に地球から宇宙への赤外線の放射を妨げ，温室効果により地球温暖化の働きもする．この二つの相反する効果を地球温暖化シミュレーションにどのように見込むかによって，地球温暖化の気温予測が大きく違ってくる．

　[*6] 暖気のかたまり（暖気団）と寒気のかたまり（寒気団）が出会っても，スムーズに混ざり合えず，気温，湿度，風などが急激に変わる境界面のことを前線（不連続面）というが，この面と，地面と交わる線を不連続線という．

参 考 文 献

1) 北野康, "地球の環境", 裳華房 (1992).
2) かやね勇, "地下水の世界", 日本放送出版協会 (1995).
3) 新田義孝, "地球環境論", 培風館 (1997).
4) 東京大学海洋研究所編, "海洋のしくみ", 日本実業出版社 (1997).
5) 浜野洋三, "地球のしくみ", 日本実業出版社 (1995).
6) 綿抜邦彦, "地球−この限界−", オーム社 (1995).
7) 日本流体力学会編, "地球環境と流体力学", 朝倉書店 (1992).
8) 梨本真, "スギの衰退と大気二次汚染物質との関係, ㈶電力中央研究所 (1993).
9) 力武常次, "地球科学ハンドブック", 聖文社 (1993).
10) 那須紀幸, 小尾信弥, "詳解地学", 旺文社.
11) 茅陽一編, 地球環境データブック, オーム社 (1993).
12) 鈴木啓三, "水の話・十講", 科学同人 (1997).
13) 大森博雄, "水は地球の命づな", 岩波書店 (1996).
14) 光田寧編 "気象のはなし", 技報堂出版 (1996).
15) 住明正, "地球の気候はどう決まるか？", 岩波書店 (1995).
16) 蒲生俊敬, "海洋の科学", 日本放送出版協会 (1996).
17) "生きている地球 (地球科学シリーズ'92〜'98)", 核燃料サイクル機構 (1999).
18) 国土庁長官官房水資源部編, "日本の水資源", 大蔵省印刷局 (1999).
19) 中野勝志, 中島誠, 柳沢孝一, 表層部における水収支の調査研究, 動燃技報告 No.78, (1991).
20) 斎藤宏, 湯佐泰久, 小出馨, 松井祐哉, 太田久仁雄, 濱克宏, 川瀬啓一, 杉原弘造, 中島崇祐, 吾妻瞬一, 東濃地科学センター, 東濃鉱山・超深地層研究計画用地, 日本地質学会第 106 年学術大会 (1999).

図 表 の 出 所

1) 北野康, "地球の環境", p.33, 裳華房 (1992) を一部変更, 加筆した.
2) 国立天文台編, "理科年表 平成 12 年版", p.691, 丸善 (2000).
3) 東京大学海洋研究所編, "海洋のしくみ", p.67, 日本実業出版社 (1997).
4) 2)の p.112.
5) 国土庁長官官房水資源部編, "平成 11 年版 日本の水資源", p.64, 大蔵省印刷局 (1999).
6) 1)の p.23.
7) 住明正, "地球の気候はどう決まるか？", p.27, 岩波書店 (1995).
8) 7)の p.31.

6 電磁波，放射線に包まれた地球環境
——放射線は危険なものか？——

　放射線とは，広義にはすべての電磁波および粒子線を指す場合もあるが，一般には，波長の短い電磁波および粒子線をいい，生物や物質に照射すると，大きな影響を及ぼすものをいう．

　地球は，太陽から放射される電磁波（紫外線・光・赤外線）のほかに，太陽風という非常に強力な放射線の一種である電気を帯びた粒子線を受けている．さらに，銀河系のほかの星および星雲で原子核反応により発生した放射線が加速されて，非常に高いエネルギーになり，地球に降り注いでいる．このような放射線を宇宙線と呼ぶ．また，地球は自身の地殻に含まれる放射性同位体から放射線を大気空間に放出している．

　放射線は，生命の誕生，進化にも関与したといわれており，人類は地球に誕生以来，これらの自然界の放射線を微量ではあるが受け続けている．また，身体からも極微弱ではあるが，放射線を出している．

　最近では，われわれは，PHS，携帯電話から発射されるマイクロ波，および送電線，家電機器から漏れる電磁波などの人工の放射線を受けている．

　電磁波は電波とも呼ばれ，通信，放送に，あるいは交流 100V の電気エネルギーとして，日常生活に不可欠のライフラインとして利用されている．また，人工放射線を積極的に使って，病気の診断，がんの治療，防炎カーテンの加工などを行っている．そのほか身近な分野で利用されているが，これらの事実は案外知られていない．

6.1 放射線にはどんな種類があるか

　身のまわりの放射線は，次に示すように大別して二つに分けられる．その一つは X 線，γ 線のような電磁波の性質を持つ電磁波放射線であり，もう一つは α 線，β 線，中性子線，宇宙線のような粒子線である．

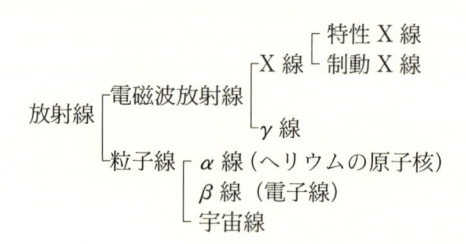

```
放射線 ┬ 電磁波放射線 ┬ X線 ┬ 特性X線
       │              │     └ 制動X線
       │              └ γ線
       └ 粒子線 ┬ α線（ヘリウムの原子核）
                ├ β線（電子線）
                └ 宇宙線
```

これらの放射線は，1895年，ドイツのレントゲンによって，最初にX線が発見され，その翌年，フランスのベクレルがウランに放射能があることを発見し，さらに2年後の1898年にはフランスのキュリー夫妻によって天然の放射性物質であるラジウムが発見された．

1899年，イギリスのアーネスト・ラザフォードは，放射線について研究した結果，ウラン化合物から出ている放射線にはアルミニウム薄片を透過しないものと，透過するものとの2種類があることを突き止め，ギリシア文字の α, β をあて，それぞれ α 線，β 線と命名した．当時，電気を帯びた粒子の動きは，磁力線の影響を受けることが分かっていたので，右に曲がった α 線は正の電気，左に曲がった β 線は負の電気を帯びた放射線であると判断した．その後，1900年フランスのヴィラールが，磁場をかけても曲がらない，非常に透過力の強い，写真乾板を強く感光する放射線を発見した．これは γ 線と命名され，ラザフォードらが，γ 線が波長の短いX線と同様な電磁波であることを突き止めた．

(1) 放射線と放射能

放射線と放射能という言葉は，混同されがちであるが，両者の意味は異なる．ウランやラジウムのような原子番号の大きい原子の原子核は壊れやすく不安定であり，α 線，β 線，γ 線のような放射線を出して壊れ，小さい安定した原子核に変わっていく．この現象を放射性壊変（放射性崩壊）というが，この放射性壊変をおこし，放射線を出す性質（能力）を放射能という．また，放射線を出す物質を正しくは放射性物質という．

放射能は放射線源の強さで表し，原子核が放射線を出して別の原子核に変わる速さをいう．したがって，放射能の強いものは速く減衰する．

図6.1に示すように，放射線を光に例えると，懐中電灯が放射性物質，光源の明るさが放射能といえる．しかし，一般には放射能が放射線，あるいは放射性物質と同じ意味に使われている．

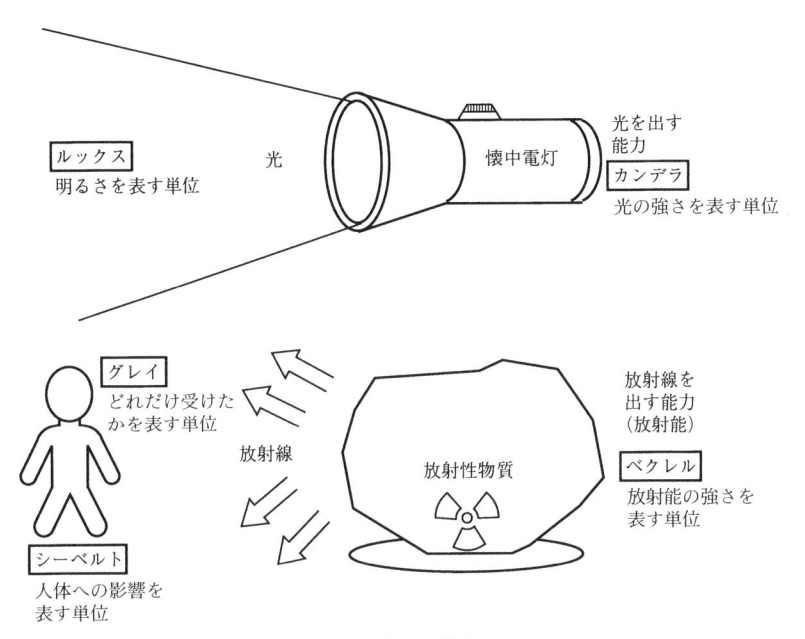

図 6.1 放射線の種類[1]

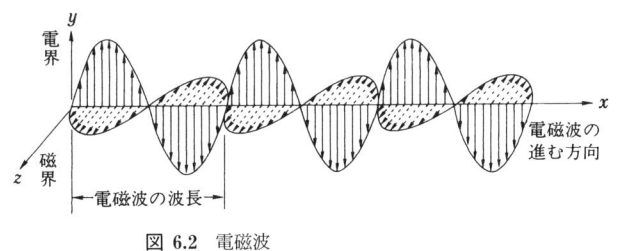

図 6.2 電磁波
振動数＝1秒間の波数

(2) 電磁波，電磁波放射線

電磁波とは，太陽から放射される光，赤外線，紫外線，医療に利用されている放射線（X線，γ線），通信，放送に使われている電波，家電製品に使われている 50・60 ヘルツの電気などの総称である．

電磁波は，図 6.2 に示すように電界の振動と直角に磁界の振動が一緒になって伝わる縦波である．電磁波を発見したジェイムズ・マクスウェルは，すべての電磁波の伝達速度が，光の速度と一致することから，光も電磁波の一種であると考えた．

電磁波は，その波長（振動数は波長に反比例する）によって，著しく性質が違う．

6.1 放射線にはどんな種類があるか

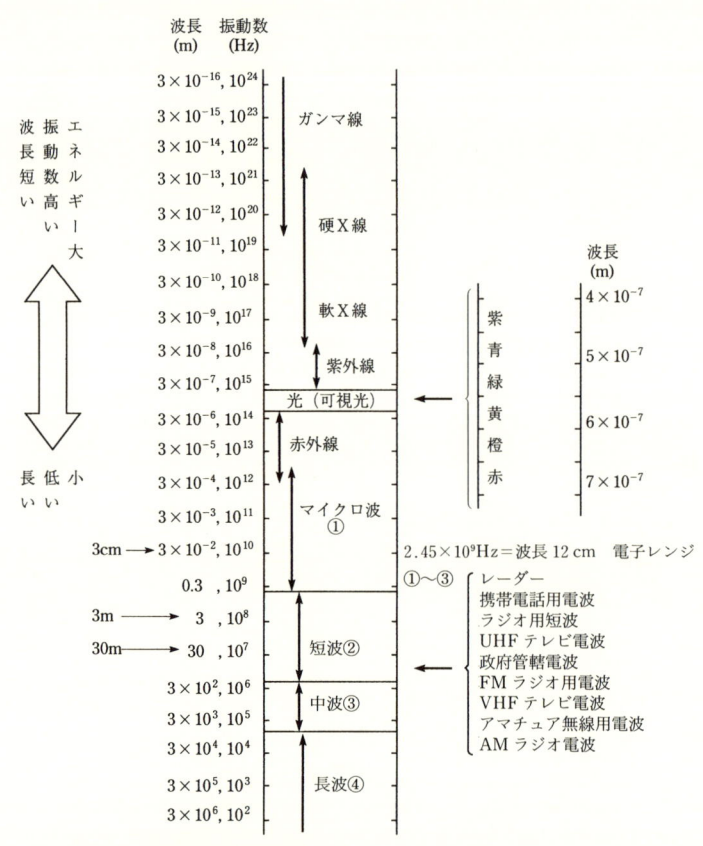

図 6.3 電磁波の波長と種類[2)]
電磁波の速度（波長×振動数）＝光の速度＝ 3×10^8 m/s

光より波長の長いものが赤外線，さらに長くなるとマイクロ波，電波，逆に光より波長が短くなると，順に紫外線，X 線，γ 線といわれる．電磁波は波と粒子の両方の性質を持つ（図6.3）．

電磁波の性質をまとめてみると，
① すべての電磁波の伝わる速度（波長×振動数（周波数））は光の速度に等しい．
② 光より波長の長いもの（振動数が小さい）は，波動の性質が強く，エネルギーが小さい．
③ 光より波長の短いもの（振動数が大きい）は，粒子の性質が強く，エネルギーが大きい．

④ 電磁波はエネルギーの粒でできている．この粒のことを光子とかフォトンという．光子1個のエネルギー E は電磁波の振動数 ν に正比例する．したがって，振動数が大きいものほどエネルギーが大きい．また，電磁波の速度は，振動数 ν と波長 λ との積であり，これは光の速度 c に等しいので，光子1個のエネルギーは電磁波の波長に反比例する．したがって，波長が小さいものほどエネルギーの粒が大きいと考えればよい．

$$E = h\nu = hc/\lambda \tag{6.1}$$

ここに，E：光子1個のエネルギー，h：プランク定数　6.63×10^{-34}（ジュール×s），ν：振動数，c：真空中の光の速度　3×10^8 (m/s)，λ；波長 (m)

◆ 携帯電話の電磁波（電波）と送電線などから漏れる電磁波の性質の違い

電磁波は，前述したように波長によって，著しくその性質が違う．携帯電話，PHSから発射される電磁波は波長 30 cm 程度の周波数 1 ギガヘルツ＝10 億ヘルツ程度の電磁波であり，マイクロ波といわれている．

送電線，家電機器などから漏れて出る電磁波は，60 ヘルツの場合は波長 5 000 km，50 ヘルツの場合は 6 000 km の電磁波である．ここで，両者のエネルギーを式 (6.1) で計算して比較してみると，60 ヘルツの電磁波のエネルギーは，マイクロ波の1億分の 6～5 になる．つまり，送電線，家電機器などから漏れて出る電磁波のエネルギーは，非常に小さいことが分かる．

(3) 粒子線

粒子線には種々あるが，α 線，β 線，中性子線，宇宙線が挙げられる．宇宙線は宇宙の彼方から来る1次宇宙線と，それが大気の原子と衝突して生じる2次宇宙線に分けられる．1次宇宙線の 80％は陽子，約 20％はヘリウム，ほかには鉄より軽い原子核がわずかに含まれる．2次宇宙線には中間子，中性子，陽子，γ 線（このうち，γ 線は電磁波放射線であり，粒子線ではない）などが含まれている．

また，放射線の原子，分子に与える影響（相互作用）から，直接電離放射線と間接電離放射線という分類の仕方もある．

直接電離放射線とは，物質の原子や分子に作用して，電離（原子核のまわりの電子を跳ね飛ばして，イオン化する）させることができる電気を持つ高速の粒子線をいう．α 線，β 線，宇宙線はこれに属する．宇宙線は，大気上層部の原子と衝突し，これを電離し，多くの電子をつくり，電離層を形成している．

表 6.1 放射能, 放射線の単位 (国際単位 SI 系)

	単位	定義
放射能の単位 (どれだけ放射線が出ているか)	ベクレル (Bq)	放射線源の強さを表す．1秒間に1個の原子核が崩壊している放射性物質を1ベクレルという． (電灯照明に例を取ると，光源の光度に相当する)．
放射線の量の単位 — 照射線量 (どれだけ当っているか)	クーロン毎キログラム (C/kg)	γ 線，X 線が空気をどれだけ電離できるかを表し，放射線の強さを表す(電灯照明に例を取ると照度に相当する)．
放射線の量の単位 — 吸収線量 (どれだけ吸収されたか)	グレイ (Gy)	放射線のエネルギーがどれだけ物質に吸収されたかを表す．1 kg 当り 1 ジュールのエネルギーの吸収があるときの線量．
放射線の量の単位 — 等価線量 (人体への影響はどうか)	シーベルト (Sv)	人体の放射線防護のため，人体への放射線の影響がどのくらいあるかを表す．放射線の種類による人体への影響を考慮しグレイに生物学的効果比をかけたもの． γ 線 (X 線)，β 線 (電子線) は 1，α 線は 20 とする．

　電気を持たない放射線が，原子，分子に当たり，2 次的に電気を帯びた高速の粒子 (荷電粒子) を発生させ，この荷電粒子が，ほかの原子や分子を電離させるような場合，初めの電気を持たない放射線を間接電離放射線という．X 線，γ 線はこれに属する．

6.2 放射線の単位

　放射線の単位には，放射能の強さを表す単位と，放射線の量に関する単位とがある．放射線の量を表す単位には，照射線量，吸収線量，および等価線量がある．単位の定義は表 6.1 に示してある．

(1) 等価線量

　日常生活の上でぜひ知っておかなければならない単位は，放射線の人体への影響がどのくらいかを表す等価線量 (シーベルト) である．この単位は，放射線を受けた人間が，その放射線を吸収したことにより受ける人体への影響を評価する単位である．放射線には，前述したように，色々な種類があり，人体への影響もそれぞれ違うので，それぞれの放射線の人体への影響の度合を考慮して等価的に表したものである．

　例えば，α 線は，大きなエネルギーを持った粒子であり，人体が α 線を受けると，その部分に大きな影響を与える．その影響の度合は，γ 線，X 線の 20 倍なので，放射線を受けた量 (吸収線量，単位はグレイ) に 20 をかけた値で表す．これを等価線量という．この 20 が人体への影響の度合を表す係数であり，生物学的効果比という．

◆ 放射線の単位になっているベクレル，クーロン，グレイ，シーベルトとは，いずれも放射線の測定や放射線の影響とその防護の研究に功績のあった学者の名前をとったものである．
- ベクレルはフランスの物理学者で，ウランが放射線を出すことを発見した．
- クーロンはフランスの物理学者で，電気磁気学の基礎となっている法則を発見した．
- グレイはイギリスの物理学者，電気が物体を構成している物質により伝導することを明らかにした．
- シーベルトはスウェーデンの放射線防護の研究者で，耐容量線量の概念を発表した．

(2) 実効線量

人体が放射線を受けた場合，体の一部の組織が受けたときと，全身が受けたときではそれによる生物学的影響は大きく異なる．このような差を考慮して，一部の組織が受けたときの等価線量を全身が受けたときの線量に換算して表すことがある．これを実効線量という．

6.3 放射性物質の半減期

天然には放射性元素と呼ばれ，放射線を出す元素が存在する．これらの元素は放射線を出しながら壊れ，長い年月をかけて，何段階もの過程を経て，ほかの安定な元素に変わっていく（放射性壊変）．天然には，ウラン238を出発点として15回の壊変を経て安定な鉛206になるウラン系列とトリウム，アクチニウムをそれぞれ出発点とし，いずれも安定な鉛になるトリウム系列，アクチニウム系列の三つの系列の放射性物質が存在する（図6.4）．

(1) 放射性同位体（あるいは放射性同位元素）

原子の中心にある原子核は＋の電気を持つ陽子と電気を持たない中性子から成る．原子の性質は陽子の数（＝原子番号）で決まるが，原子の中には陽子の数が同じでも，中性子数が異なり重さが違うものがある．これを同位体あるいは同位元素という．

自然界の多くの元素には，一定の比率でいくつかの同位体が含まれているが，これらの同位体は一般に不安定なものが多く，多くの場合，放射線を出しながら時間と共に一定の割合で，ほかの安定な元素に変わっていく．このような元素を放射性同位体（ラジオアイソトープ）という．

6.3 放射性物質の半減期

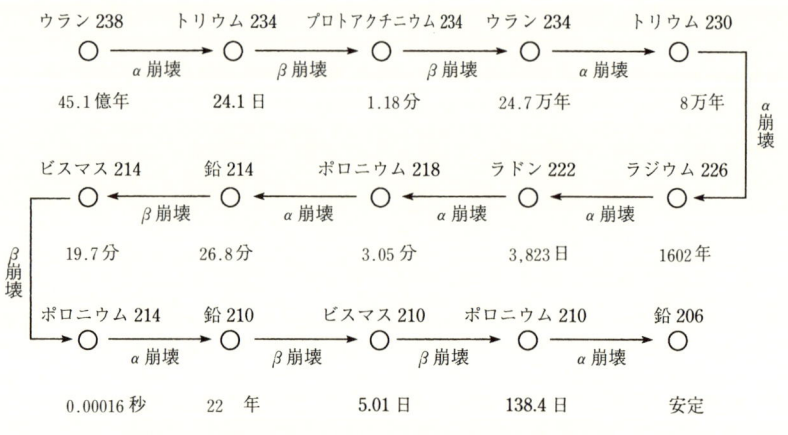

ウラン 238 →(α崩壊) トリウム 234 →(β崩壊) プロトアクチニウム 234 →(β崩壊) ウラン 234 →(α崩壊) トリウム 230
45.1億年　　24.1日　　1.18分　　24.7万年　　8万年

↓α崩壊

ビスマス 214 ←(β崩壊) 鉛 214 ←(α崩壊) ポロニウム 218 ←(α崩壊) ラドン 222 ←(α崩壊) ラジウム 226
19.7分　　26.8分　　3.05分　　3,823日　　1602年

↓β崩壊

ポロニウム 214 →(α崩壊) 鉛 210 →(β崩壊) ビスマス 210 →(β崩壊) ポロニウム 210 →(α崩壊) 鉛 206
0.00016秒　　22年　　5.01日　　138.4日　　安定

図 6.4 天然にあるウラン系列の放射性同位元素と半減期[3]
　　　主な崩壊過程を示す

　陽子の数と中性子の数が同じ原子核は安定しているが，陽子の数に対して中性子の数が多い原子核は壊れやすい．中性子の多い原子核は放射線を出して，より安定な原子核に変わっていく．

(2) 物理的半減期

　放射性物質の原子核は放射線を出し，図6.5に示されるような指数関数で表される曲線に従い，壊れてほかの原子核に変わっていくが，最初の原子核が完全になくなりゼロになるまでの時間は無限大なので，測定不可能なことと，後半の時間では放射能は大きく減衰し（半減期の10倍で放射能は1/1000となる）影響が小さくなることから，放射能の強さは，壊変する原子核の数がちょうど最初の半分になるまでの時間で表す．これを半減期という．普通，半減期とは物理的半減期をいう．半減期は指数関数で表されるので，指数関数の特徴から，どの時点から計っても半分になるまでの時間は同じである．

　また，放射能の減衰は放射性物質によって違うが，物質ごとに放射能が時間と共に減衰する現象を数式で表すことができる．この性質を利用して，放射性物質を含むある種の鉱物は地質の年代を決める時計の一種としても使われている．

　一般に放射能は原子核の数に比例し，半減期に半比例するので，半減期が長いものほど放射能が弱い．

(3) 生物的半減期

　放射線の人体への影響を検討する上で重要な生物的半減期という概念がある．これは，人間の体内に摂取された放射性物質の量が，排泄などの生物的作用により，半分

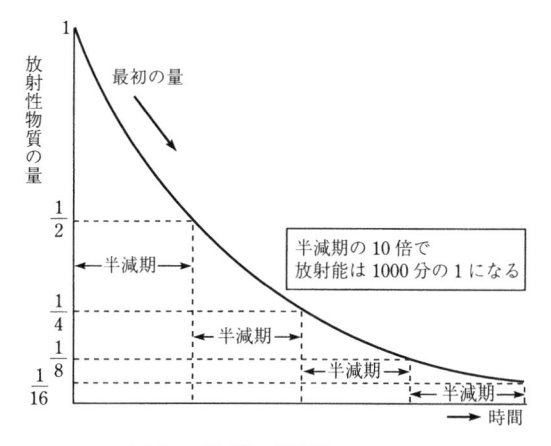

図 6.5 半減期の概念図
放射性物質の減り方を示す.

に減少するまでの時間をいう.

体内に取り込まれた放射性物質は,物理的半減期により放射能が減衰するだけでなく,生物の新陳代謝により体外に排泄され,減衰する.したがって,放射線の人体への影響を検討するときは,物理的半減期と生物的半減期の両方を考慮しなければならない(表 6.2).

例えば,ヨウ素 129 の物理的半減期は 1570 万年と長いが,生物的半減期は 120 日なので,実効半減期は 120 日となる.逆にヨウ素 131 は物理的半減期 8 日に対して,生物的半減期は 120 日なので,実効半減期は 7.5 日となる.実効半減期の計算式は下記の通りである.

$$実効半減期 = \frac{(物理的半減期) \times (生物的半減期)}{(物理的半減期) + (生物的半減期)}$$

ここで少し表 6.2 の例について解説すると,ストロンチウム 90 は物理的半減期 28.8 年であり,セシウム 137 の半減期 30 年とほぼ同じであるが,生物的半減期はストロンチウムは 50 年,セシウムは 2〜110 日であり,大きく異なる.これはストロンチウムが,新陳代謝の遅い骨の組織に蓄積されるからである.

放射性希ガス,クリプトン 85,キセノン 133 は,安定なガス体で地上に沈着したり,生物に取り込まれたりしないので,生物的半減期は表せないが,空中から人体に放射線被ばくをもたらす.

表 6.2　放射性物質の半減期

放射性物質	物理的半減期	生物的半減期	実効半減期
ウラン 238	45.1 億年	6〜5 000 日	6〜5 000 日
カリウム 40	13 億年	30 日	30 日
トリチウム	12 年	10 日	10 日
炭素 14	5 730 年	40 日	40 日
ヨウ素 129	1 570 万年	120 日	120 日
ヨウ素 131	8 日	120 日	7.5 日
セシウム 137	30 年	2〜110 日	2〜110 日
コバルト 60	5 年	6〜800 日	6〜800 日
ストロンチウム 90	28.8 年	50 年	18.3 年
プルトニウム 239	24120 年	500 日〜200 年	500 日〜198 年
クリプトン 85	10.72 年		
キセノン 133	5.243 日		
トリウム 232	141 億年		

◆ 動燃の新型転換炉ふげんのトリチウム漏れ事件

　水素原子の原子核には，陽子が1個しかないので，重さを表す質量数は1である．このような水素と，ごくわずか自然界に存在する同位体として，原子核に1個の陽子と1個の中性子がある重水素と，陽子1個と中性子2個の三重水素（トリチウム）がある（図6.6）．水は水素原子2個と酸素原子1個が結合してできたものであるが，軽水素でできた水は軽水と呼ばれ，重水素，三重水素でできた水はそれぞれ重水，三重水と呼ばれている（図6.7）．

　トリチウムは β 線（物理的半減期12年）を出す放射性同位体であり，化学的性質は普通の水と変わらない．このため，人体には水と同じように吸収されるが，体内にとどまる期間（生物的半減期10日）は短い．

　水は原子炉で中性子のスピードを落とし，ウラン235の核分裂の連鎖反応を起こしやすくする性質に優れている．このような性質を持つ材料を減速材という．

　特に，重水は中性子を減速する際，中性子を吸収する性質が小さく，優れた減速材である．原子炉の型名を軽水炉，重水炉と呼んでいるのは使用している減速材によって，分類したものである．ふげんは減速材に重水を使用しており，今回の事件で漏れた水の中に含まれていたトリチウムは，この重水を構成する重水素が中性子を吸収してトリチウムになったものである．

◆ 原子力発電所事故直後の小児甲状腺がんの予防策とは？

　ヨウ素は甲状腺ホルモンには必要な元素なので，摂取された体内の放射性ヨウ素131は甲状腺に集まり，甲状腺がんを起こしやすくする．ヨウ素131は核実験や原子力

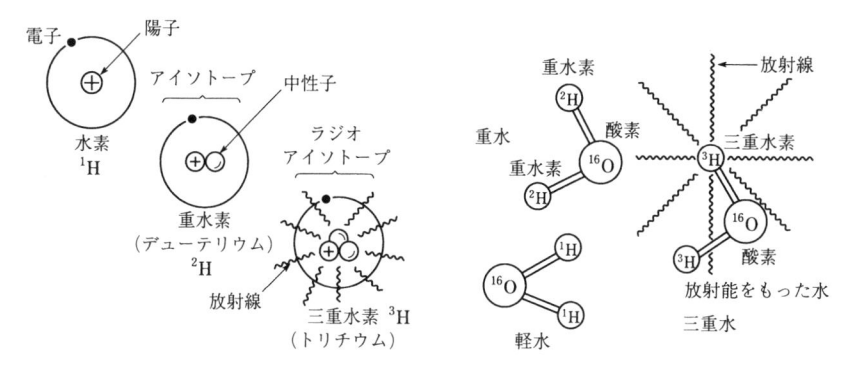

図 6.6 水素の同位元素（アイソトープ）4)

図 6.7 軽水，重水，三重水4)

発電所の事故によって環境に放出されるが，半減期が8日と短いので，事故直後に非放射性のヨウ素剤を飲むことにより，ヨウ素131の甲状腺への吸収量を減らすことができる．つまりあらかじめ多量の非放射性のヨウ素を体内に取り込み，甲状腺のヨウ素を飽和状態にしておけば，放射性降下物*1が付着した野菜を食べたり，牛乳を飲むことにより，ヨウ素131が摂取されても甲状腺に吸収される量を減らすことができるわけである．

特に牛乳を主食とし，甲状腺が小さい乳幼児にとって，その牛乳に放射性降下物が含まれていた場合の影響は大きく，被ばく線量*2は大人の10倍にもなるので，この方法は，小児甲状腺のがんの有効な予防策となる．

6.4 放射線の発生原理と性質（表6.3，図6.8）

(1) α 線（α 壊変）（図6.9(a)）

原子番号の大きな原子核には，+の電荷を持つ陽子が多く，原子核内の陽子間に反発力が働くので，不安定である．このような原子は α 粒子を核外に放出して，小さな安定した元素になろうとする．

α 粒子は陽子2個と中性子2個からなるヘリウム（He）の原子核と同じものである．ヘリウムの原子核は結合エネルギーが大きく安定な原子核である．

α 線は粒子であり，比較的重いから運動エネルギーは大きいが，低速度であり，物

---

*1 放射性降下物とは，核爆発の実験，原子力発電所の事故などで大気圏に舞い上がった放射性物質を含む灰が降ってきたものをいう．地球規模で降るものをグローバルホールアウトという．
*2 被ばくは，被曝と書き，放射線にさらされること．原子爆弾による被爆とは字が違う．

表 6.3 放射線の種類と透過力

性質と作用 種類	本質	質量	電気	透過力	写真作用	蛍光作用	電離作用	生物学的効果比
α 線	ヘリウム原子核	大きい	正電気 2	小	大	大	大	20
β 線	電子	非常に小さい	負電気 1	中	中	中	中	1
γ 線(X 線)	電磁波	なし	なし	大	小	小	小	1
中性子線	中性子	大きい	なし	大	小	小	小	5〜20*

* 中性子のもつエネルギーによる．

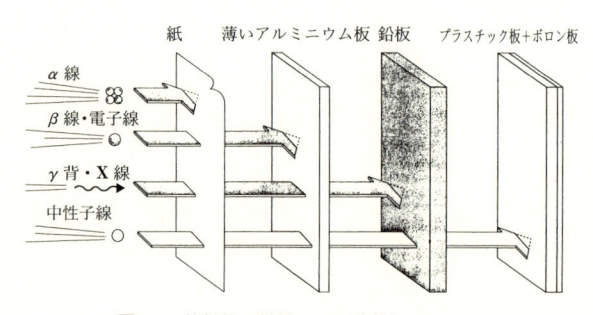

図 6.8 放射線の種類による透過力のちがい[5]

質を透過する力は弱く，紙1枚でもしゃへいできる．逆に吸収されやすいといえる．

◆ 猛毒といわれているプルトニウムも使い方次第

プルトニウムを含んだちりが肺の細胞に付着すると（犬などの動物実験では，気管の繊毛によりなかなか肺に入らないのだが），α 線を出し続け，それが周囲の細胞に吸収されることによって，肺がんになる確率が高くなるといわれている．

しかし，一方で α 線はヘリウムイオンの流れ（＝電流）であることから，外国では，心臓病の人のペースメーカの電池（電池交換不要）として，このプルトニウムを金属のカプセルに入れ，α 線をしゃへいし，体内に埋め込んで利用している例もある．つまり，猛毒といわれているプルトニウムも α 線防護の適切な対策さえすれば，有効利用できるのである．

(2) β 線（β 壊変）（図 6.9(b)）

陽子に比べて中性子の数が多い原子核は β 線を放出して，より安定な原子核に壊変する．β 壊変には，次の三つのタイプがある．β 線の正体は電子の流れである．

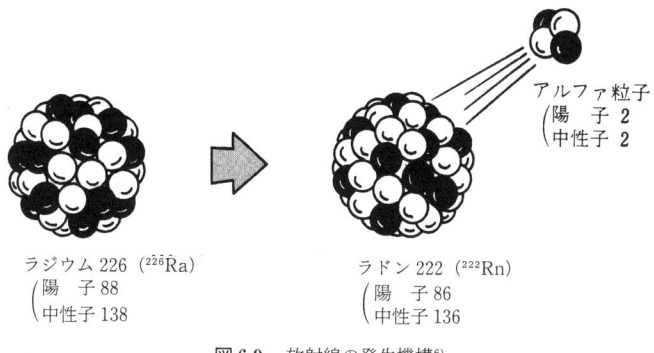

6 電磁波，放射線に包まれた地球環境　　107

ラジウム226 (^{226}Ra)
$\begin{pmatrix} 陽　子 88 \\ 中性子 138 \end{pmatrix}$

ラドン222 (^{222}Rn)
$\begin{pmatrix} 陽　子 86 \\ 中性子 136 \end{pmatrix}$

アルファ粒子
$\begin{pmatrix} 陽　子 2 \\ 中性子 2 \end{pmatrix}$

図6.9　放射線の発生機構[6]
(a)　α線

軌道電子

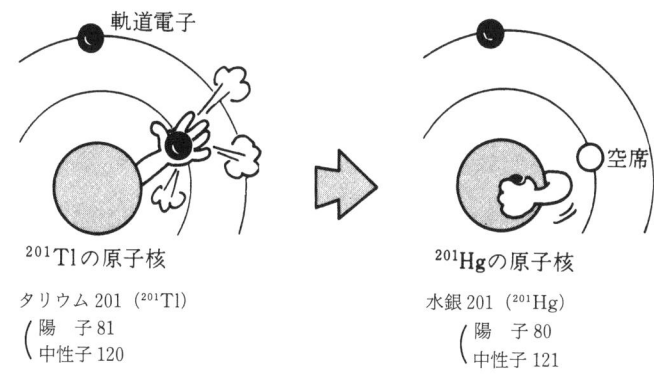

^{201}Tlの原子核

空席

^{201}Hgの原子核

タリウム201 (^{201}Tl)
$\begin{pmatrix} 陽　子 81 \\ 中性子 120 \end{pmatrix}$

水銀201 (^{201}Hg)
$\begin{pmatrix} 陽　子 80 \\ 中性子 121 \end{pmatrix}$

タリウム201の軌道電子捕獲：タリウム201の原子核は，軌道電子の一つを捕獲して水銀201になる．軌道に空席ができるので，引き続いて水銀の特性X線が放出される．軌道電子捕獲では，原子核内の1個の陽子が軌道電子を取り込んで中性子に変わる．

図6.9　(b)　β線

① β^-壊変：中性子が陽子に変化する．このとき電子を放出する．
② β^+壊変：陽子が中性子に変化する．このとき＋の電荷を持つ電子（＝陽電子）を放出する．
③ 軌道電子捕獲：陽子が最内殻の電子を取り込み，中性子に変化する．
　 β線の透過力はα線より強いが，γ線より弱い．

(3)　**X線**　(図6.9(c))

X線は，原子核の周囲を回っている電子のエネルギーレベルの遷移によって発生する．X線には，制動X線，特性X線の2種類があり，いずれも透過力が強い．

6.4 放射線の発生原理と性質

トリチウム（³H）
(陽　子 1
 中性子 2)

ヘリウム 3（³He）
(陽　子 2
 中性子 1)
電子

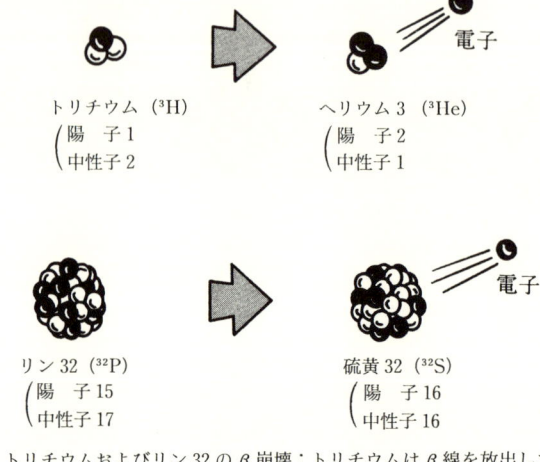

リン 32（³²P）
(陽　子 15
 中性子 17)

硫黄 32（³²S）
(陽　子 16
 中性子 16)
電子

トリチウムおよびリン 32 の β 崩壊：トリチウムは β 線を放出してヘリウム 3 になり，リン 32 は β 線を放出して硫黄 32 になる．β 崩壊では，原子核内の 1 個の中性子が陽子と電子に変わる．

炭素 11（¹¹C）
(陽　子 6
 中性子 5)

ホウ素 11（¹¹B）
(陽　子 5
 中性子 6)
陽電子

炭素 11 の陽電子崩壊：炭素 11 は陽電子を放出してホウ素 11 になる．陽電子壊変では，原子核内の 1 個の陽子が中性子と陽電子に変わる．

図 6.9　放射線の発生機構[6]
(b)　β 線

① 制動 X 線

　高速の電子を物質に照射すると，原子核の近くを通過する際，＋の電荷をもつ原子核の引力を受けて，制動がかかる．このとき，電子の減速エネルギーに等しいエネルギーを持つ電磁波を放出する．この電磁波（X 線）を制動 X 線という．

② 特性 X 線

　高速電子が原子と衝突すると，原子の軌道電子をはじき飛ばし，その結果空席ができる．するとその外側の軌道の電子が空席を埋める．このとき，内外の軌道のエネル

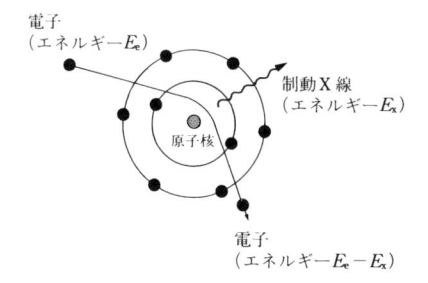

制動X線の発生：運動している電子が制動作用を受けると
X線が発生する。

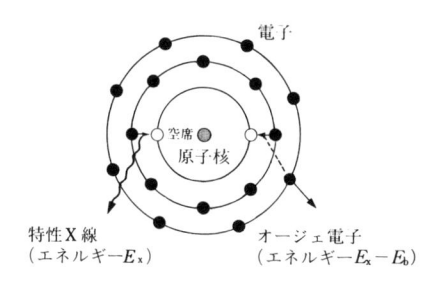

特性X線またはオージェ電子の放出：空席の軌道に外側の
軌道の電子が移るとき，特性X線またはオージェ電子が放
出される．E_b：電子が原子核から解放されるのに必要なエ
ネルギー

図 6.9　放射線の発生機構[6]
(c)　γ線

ギーレベルの差に相当する波長の電磁波が発生するか，あるいは軌道電子の一つが励起のエネルギーを吸収して原子から放出される．このとき発生する電磁波を特性X線という．

特性X線の波長は元素によって定まった固有の値を持っているので，物質の分析ができる．

(4)　γ線（γ壊変）（図6.9(d)）

電子と同様に原子核にもエネルギーレベルがあり，外部からエネルギーを加えると，原子核内部に余分のエネルギーを持つ状態（これを励起状態という）になる．この励起した原子核が安定した状態にもどるとき，そのエネルギーレベルの差だけ電磁波という形でエネルギーを放出する．これがγ線である．

X線は，核外電子の持つエネルギーが放出されたものであり，γ線は原子核から放

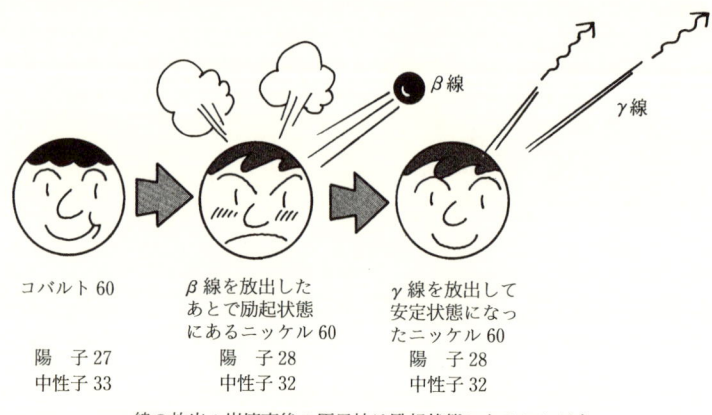

コバルト 60　　β線を放出した　　γ線を放出して
　　　　　　　あとで励起状態　　安定状態になっ
　　　　　　　にあるニッケル 60　たニッケル 60
陽　子 27　　陽　子 28　　　　陽　子 28
中性子 33　　中性子 32　　　　中性子 32

γ線の放出：崩壊直後の原子核は励起状態にあることが多い．
余分のエネルギーをγ線として放出し，安定状態に落ち着く．

図 6.9　放射線の発生機構[6]
(d)　γ 線

出されるものであるが，性質はまったく同じであり，ただ発生の機構が違うだけである．透過力も X 線と同様に強く，X 線撮影と同様な透視写真が撮れる．

6.5　宇宙から地球に降り注ぐ電磁波，放射線

　宇宙から地球に電磁波が放射されているが，地球を取り巻く大気により吸収あるいは反射され，地上に届くのは可視光線と波長 1 cm～15 m 程度の電波である．このほかに宇宙で発生する粒子線（宇宙線）が，地球に放射されている．このうち，エネルギーの非常に高い宇宙線が大気圏に入ってくると，大気中の窒素や酸素の原子核と反応して中性子，陽子，中間子などが生じ，これらの一部はニュートリノ（原子核を構成する陽子，中性子より軽い原子核のかけら），γ線，電子などをつくり，地上に降り注いでいる．

　太陽から地球には光が放射されているが，このほかにも太陽風と呼ばれる粒子線が超音速で地球に吹き付けられている．この粒子線は強力な放射線一種であり，生物に大きな影響を及ぼすものである．しかし，幸いなことに，地球の周囲は，北極から南極に向かう磁力線で覆われているため，これと直交すると，太陽風は向きを変え，地球の大気との接触することはない．このため，地球上の生物に障害を及ぼすこともなく，地球表面が焦土と化すこともない．

（1）太陽からの電磁波

地球は,太陽光により温められ,また日中は太陽光により明るい.地球は誕生以来,太陽エネルギーを受け続けている.このエネルギー源は,熱核融合反応と呼ばれる反応でつくり出されている.燃料は,太陽本体に最も多く存在する水素の原子核である.太陽をつくっている元素は,水素が最も多く,次がヘリウムであり,ほかの元素は全部合わせても重さでみると,せいぜい2％程度に過ぎない.水素の原子核4個が,ヘリウムの原子核1個に融合されたときに失われた質量が,太陽放射のエネルギーに変換されて出てくるものである.つまり太陽は遠く離れた熱核融合炉なのである.

太陽から,現在宇宙に放出されているエネルギーは,毎秒 4×10^{26} ジュール＝4×10^{17}GW といわれているが,これは世界の1年間の全エネルギー消費量(石油換算80億トン,550 GW)のおおよそ100兆年分に相当する.このことから考えても,いかに大きいかが分かる.また,これだけのエネルギーを生み出すのに毎秒6億5000万トンほどの水素がヘリウムに変換されており,太陽のすべての水素原子が核融合で燃え尽きるには約1000億年かかる計算になる.

太陽から放射される電磁波を波長とそのエネルギーの強さでみると,可視光線の領域(波長10万分の4～8 cm 範囲)が最も強い.光より波長の短い紫外線,X線,および光より波長の長い赤外線,電波などのエネルギー量は,光の領域に比較すると弱い.また,太陽光に含まれるX線,紫外線は大気上層部にオゾン層,電離層を形成するのに関与し,赤外線は,地球を加熱するのに関与している.

(2) 地球に吹き付ける太陽風

太陽は,地上から円盤状に見える光球(温度が6000 K ある.地球に届く光の大部分はこの光球から送られてくる),光球から高さ3000 km の彩層と呼ぶ層(6000 K の高温のガスでできている)があり,その表面には,絶えず高さ数万から数十万 km にも吹き上げられている巨大な赤い炎が見られ,これを紅炎(プロミネンス)という.さらに,彩層の外側を希薄な大気の層が太陽の半径の10倍以上におよぶ広い範囲に広がっており,これをコロナといい,約200万 K の高温のガス(プラズマガス:陽子,α 粒子,電子などがバラバラになった荷電粒子の流れ)が高速の熱運動をしている.

太陽風の正体は,このプラズマガスであり,粒子線に属する非常に強力な放射線である.この高温のガスの一部が,太陽の重力に逆らって,秒速450 km で宇宙空間に流れ出ているものである.また,プラズマガスは磁気を帯びており,絶えず変動している.太陽風は,地球の周囲に広がる磁力線と垂直に交差すると,方向を曲げられ,地球の周囲に磁気圏と呼ばれる空洞をつくり,太陽風が直接は地表には届かない(図6.10).

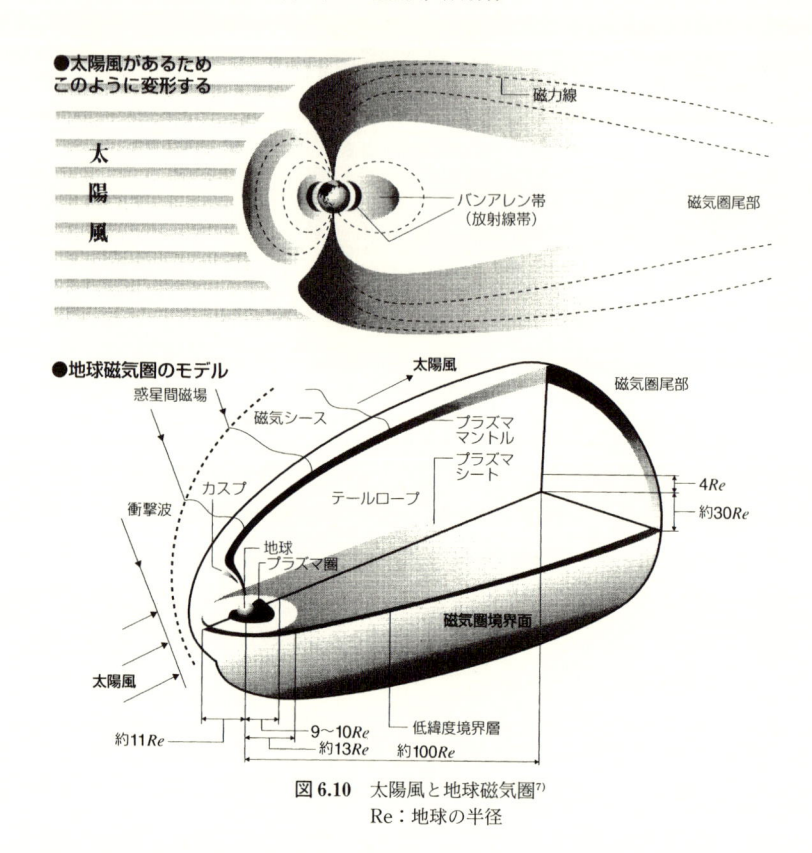

6.5 宇宙から地球に降り注ぐ電磁波，放射線

図6.10 太陽風と地球磁気圏[7]
Re：地球の半径

太陽風の存在は，彗星の尾が常に太陽から遠ざかる方向に極めて速い速度で流れていることから，1930年ころには，予想されていたが，その研究が盛んになったのは，1962年に金星に送られたアメリカの探査機マリーナ2号により，このプラズマガスが直接観測されてからのことである．

太陽風は太陽の磁場を引き出し，惑星間空間に磁場をつくる．また太陽から引き出された磁力線の根本は太陽の自転と一緒に回り，惑星間空間の磁場は渦巻き状になっている．この磁場は地球軌道付近まで達し，これが地球磁場との相互作用で，しばしば地磁気を撹乱し，磁気あらしやオーロラなどの電気磁気現象を引き起こす．

地球の磁場は，地表付近では地球の南北を軸とした棒磁石の磁場（双極子磁場という）で近似できるが，高空にいくと太陽風との相互作用により，歪められる．地球磁場の太陽を向いた側は，太陽と地球を結ぶ方向を軸とした回転対称放物面の形をしており，反対側は彗星の長い尾に似た形をしている．太陽を向いた側は，地球半径の10

6 電磁波，放射線に包まれた地球環境　　113

倍，尾部は最終的には2000〜3000倍にまでおよんでいる．この地球磁気圏の中に，地上約2000〜4000kmと1万3000〜2万kmの高さに，地球を取りまく二重のドーナツ状の高エネルギーの陽子や電子でつくられた強い放射能帯がある．これは，太陽や宇宙からの荷電粒子が地磁気の磁力線によって，回転運動させられ，数kmの上空に捕捉されたような状態となったものである．この放射能帯は，1958年人工衛星エクスプローラ1号により発見され，発見者の名にちなんでバンアレン帯と呼ばれている．

6.6　日常生活で受ける放射線量

1993年の国連科学委員会報告によれば，世界中の一般の人が日常生活で受ける1年間の平均放射線量は，宇宙から0.38ミリシーベルト，大地から0.46ミリシーベルト（地域の緯度，高度，大地の成分によって異なる），食物摂取により体内から受ける量が0.24ミリシーベルト，そのほかに，空気に含まれている元素ラドンとその娘核種などを吸入して肺に1.3ミリシーベルトの放射線量を受けており，これらを合計すると，自然界から1年間で平均2.4ミリシーベルトの放射線量を受けている（図6.11）．

このほかに，人工放射線源（人工放射線も，自然の放射線も人体に対する影響はまったく同じである）から年間に，医療により0.63ミリシーベルト（日本は2.25ミリシーベルトと高い），核実験の放射性降下物により0.13ミリシーベルト，原子力発電の放射線により0.013ミリシーベルト，これらを合計して，1年間に平均0.773ミリシーベルトの放射線量を受けている．

以上の放射線量を合計すると，日常生活で1年間に平均3.2ミリシーベルトの放射線を受けていることになる（図6.12）．

(1)　大地からの放射線

地球が46億年前に誕生したときは，地球は放射線性物質の塊であった．それが数十億年という長い間に，放射線を出して減衰して，現在では，地球を構成しているほとんどの元素は放射能を失って安定した元素となっている．しかし，半減期の長いウラン238（半減期45億年），トリウム232（半減期141億年），およびカリウム40（13億年）などは，今でも放射線を出し続けている．

日本国内の大地からの放射線（宇宙線と食物を通して受ける放射線を等しいと仮定し，ラドンの影響を除く）は，最も低い神奈川県と，最も高い長野県との差が0.38ミリシーベルトもある．一般に関西地方の方が関東地方の1.5倍ほど高い傾向にある．これは大地に含まれている放射性の鉱物の種類と量が異なるためであり，関東地方は放射

6.6 日常生活で受ける放射線量

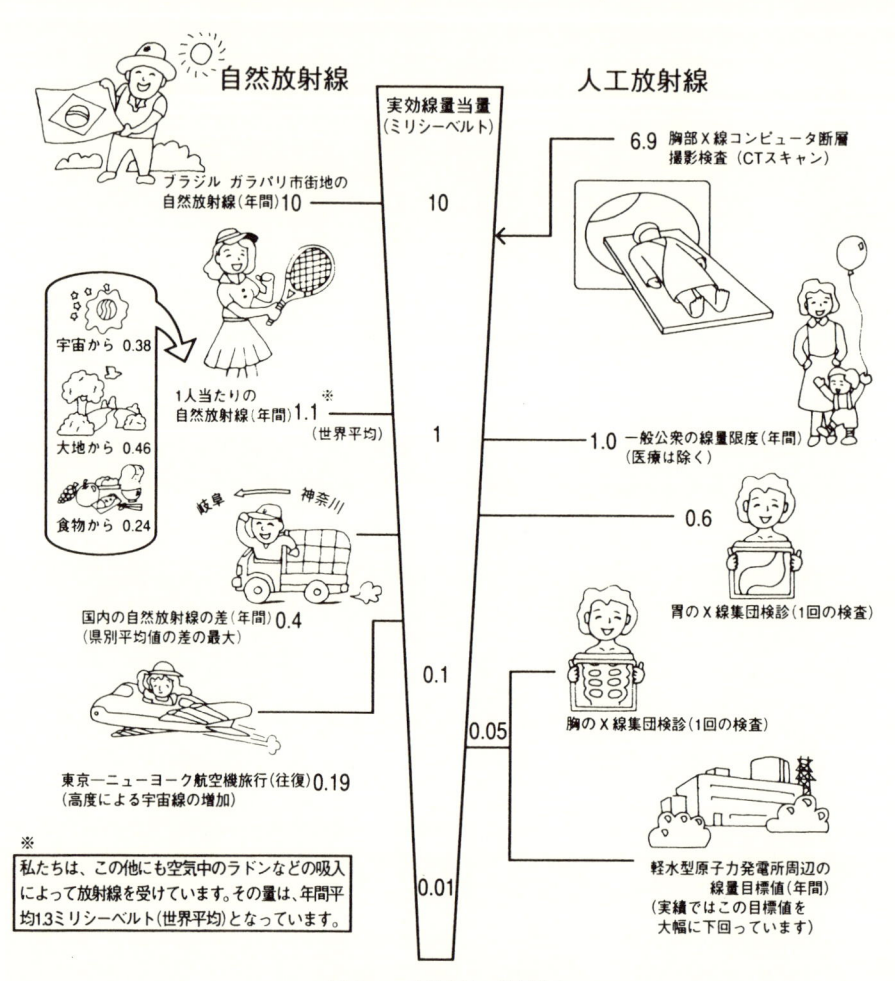

図6.11 日常生活と放射線[8]

自然放射線

- ブラジル ガラパリ市街地の自然放射線(年間) 10
- 宇宙から 0.38
- 大地から 0.46
- 食物から 0.24
- 1人当たりの自然放射線(年間) 1.1※ (世界平均)
- 国内の自然放射線の差(年間) 0.4 (県別平均値の差の最大)
- 東京—ニューヨーク航空機旅行(往復) 0.19 (高度による宇宙線の増加)

※ 私たちは、この他にも空気中のラドンなどの吸入によって放射線を受けています。その量は、年間平均1.3ミリシーベルト(世界平均)となっています。

実効線量当量 (ミリシーベルト)
10
1
0.1
0.05
0.01

人工放射線

- 6.9 胸部X線コンピュータ断層撮影検査(CTスキャン)
- 1.0 一般公衆の線量限度(年間) (医療は除く)
- 0.6 胃のX線集団検診(1回の検査)
- 0.05 胸のX線集団検診(1回の検査)
- 軽水型原子力発電所周辺の線量目標値(年間) (実績ではこの目標値を大幅に下回っています)

性元素をあまり含んでいない火山灰の関東ローム層に覆われているために低く，関西地方は，ウラン，ラジウムなどの放射性元素を含む花崗岩が地表に露出している所が多いために高くなる（図6.12）．

広島，長崎は，原爆の被災地であることから，世界で最も放射線が高い所であると思われがちだが（当時，残留放射能により70年間草木も生えないといわれた），現在では，図6.12に示すように広島1.07ミリシーベルト，長崎1.00ミリシーベルトと日本のほかの地域と比べてあまり変わらない．著者も実際に放射線計測器を持参し，広

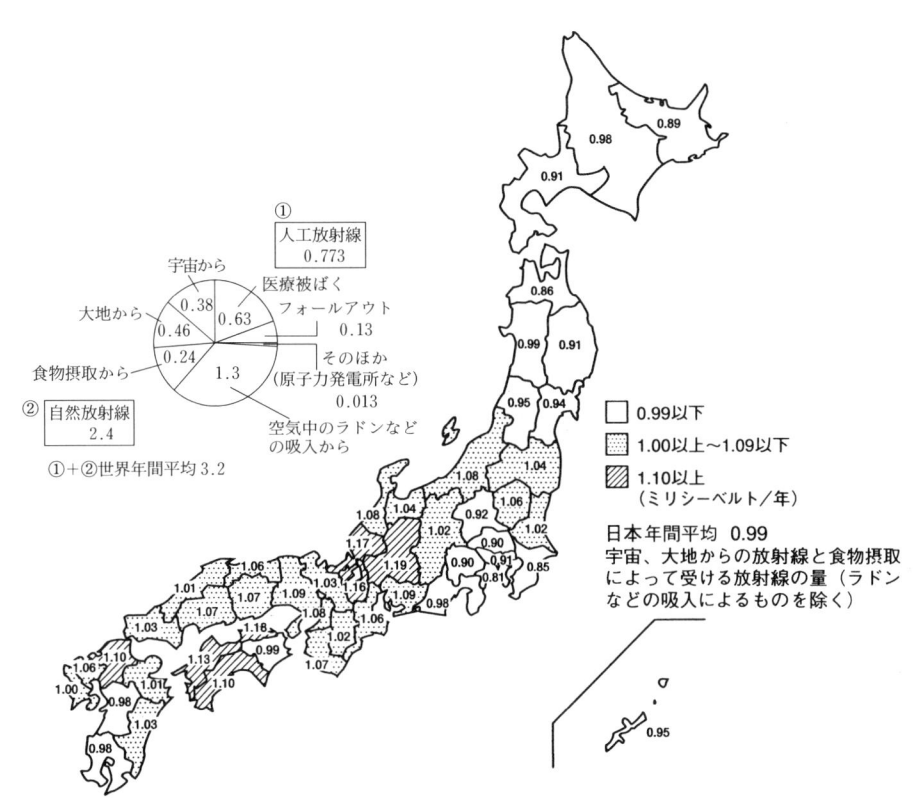

図 6.12　全国の自然放射線量[9)]
[放射線科学, **32**(4), 1989 より]

島市内の各所で自然の放射線を測定したが，事実，他の地域とあまり変わらない値であった．むしろ，広島に向かう途中，新幹線が六甲山トンネル内を通過しているときの方がずっと高い値を示したことを記憶している．

　ブラジルのガラバリでは，大地からの年間放射線量が海岸の一地域で 175 ミリシーベルト，市街地で 8～15 ミリシーベルトと一般的地域よりもかなり高い所がある[2)]．このような場所に住む人たちについて，放射線の影響が調査されているが，現在までに，健康上にそれを原因とする異常は認められていない．つまり，人類は地球に誕生以来，放射線と共生してきたといえる．したがって，自然放射線レベルのわずかな放射線量について，あまり神経質になることはない．

(2)　人間の身体から出ている放射線

　人間は体内に数種類の放射性物質を持っている．そのうち代表的なものはカリウム

6.6 日常生活で受ける放射線量

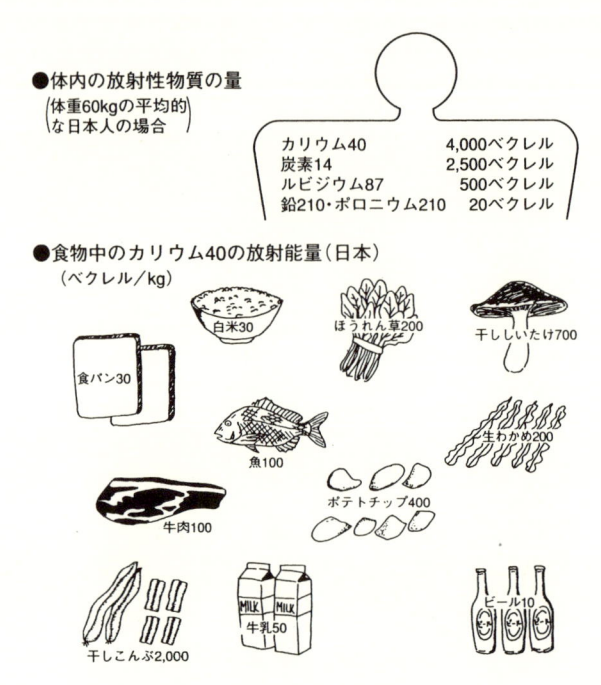

● 体内の放射性物質の量
(体重60kgの平均的な日本人の場合)

カリウム40	4,000ベクレル
炭素14	2,500ベクレル
ルビジウム87	500ベクレル
鉛210・ポロニウム210	20ベクレル

● 食物中のカリウム40の放射能量（日本）
（ベクレル/kg）

白米30　ほうれん草200　干ししいたけ700
食パン30
魚100　生わかめ200
牛肉100　ポテトチップ400
干しこんぶ2,000　牛乳50　ビール10

図 6.13 体内，食物中の自然放射性物質[10]
［原子力安全研究所"生活環境放射線データに関する研究"より］

40（半減期 12.8 億年）である．カリウムは生体にとって重要で必須の元素だが，多過ぎても少な過ぎても体に変調を来たす．カリウム 40 は，地殻構成元素中に 2.33 ％存在する天然カリウム中に約 0.012 ％含まれており，土壌で育てた穀物，野菜などの食物摂取により人体に取り込まる．その結果，人間の体の中には，カリウムが体重の約 0.2 ％含まれており，その放射性同位元素が体内から常に放射線を出している．

　カリウム 40 を含む食物としては，ビール，牛乳，ほうれん草，サラダオイル，わかめ，米，ウィスキー，肉などであり，特に，干しこんぶはカリウム 40 を最も多く含み，1 kg 当り 2000 ベクレルもある（図6.13）．

　ちなみに，チェルノブイリ原子力発電所事故の輸入食品の放射能汚染の有無を調べたときの基準値が 1 kg 当り 370 ベクレルであり，その値を超えた食品は輸出元へ送り返された．食品そのものが持つ値として，干こんぶ 1 kg 当り 2000 ベクレルという値を考えると，この基準値は，非常に厳しい値であったといえよう．

表 6.4 放射線の利用方法[11]

利用方法			利用例（方法，製品）
トレーサー利用	物理的トレーサー		流速，流量の調査，漏れ調査，漂砂や河泥の移動調査，機械の摩耗測定，潤滑油の循環状況の調査，溶鉱炉の減損量測定，工程解析
	化学的トレーサー		分析化学的利用，化学反応の機構の研究，化学構造の決定，生体機能の研究，生化学研究，遺伝子工学研究，医学研究，体内診断薬，体外診断薬，新薬開発
照射利用	透過，吸収，散乱作用	計測制御	厚さ計，液面計，レベル計，密度計，濃度計，雪量計，地下検層計，中性子水分計，硫黄計
		非破壊検査	γ(X)線のラジオグラフィ，中性子ラジオグラフィ
		診断	X線撮影，X線透視，X線造影検査，X線CT
	電離，励起作用	イオン発生	煙感知器，蛍光灯のグロー放電管，表示用放電管，真空計，ガスクロマトグラフ，避雷針，静電除去装置
		光の発生	自発光塗料
		分析	蛍光X線分析，硫黄計
	化学的作用	改質	耐熱性電線，発泡ポリオレフィン，熱収縮性チューブ，硬化塗装，強化プラスチック，コンクリートポリマー，強化木材
	生物学的作用	殺菌,殺虫,防虫	医療用具の滅菌，検査用具・実験動物飼料・食品の殺菌，害虫防除
		保存	発芽防止，熟度調節
		育種	品質改良，生育調節
		治療	がんの治療，甲状腺治療
	原子核反応	分析，治療	微量元素分析，アクチバブルトレーサー法，脳腫瘍治療
熱源利用			アイソトープ電池
年代測定			考古学的，地質学的試料の年代測定

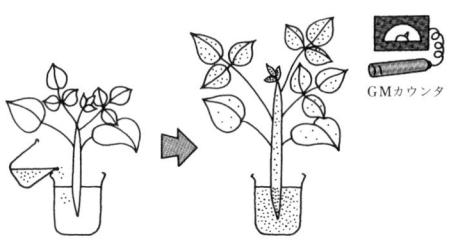

図 6.14　トレーサー利用の例[12]
リン32から出るβ線を頼りにして，植物の体内にどのようにリン酸肥料が取り込まれていくかがわかる．

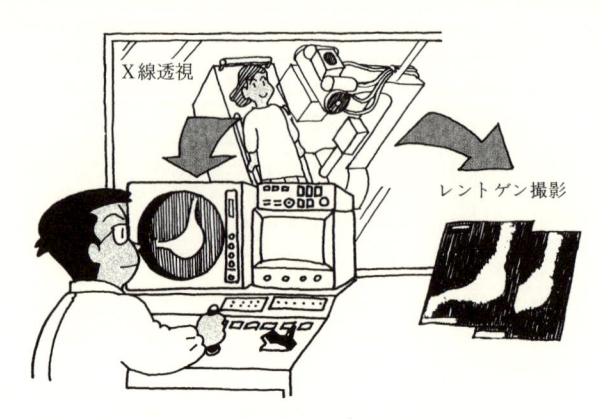

図 6.15　医療（診断・治療）への応用[12]

6.7　放射線の有効利用

　放射線は，医療，農業，工業計測，環境保全，物質の改質，宇宙開発，年代測定などの非常に多方面に利用されている．放射線の利用方法を分類すると，トレーサー（追跡調査のための標識）としての利用，照射利用，および年代測定などに大別される（表6.4）．

　(1)　トレーサーとしての利用

　生体機能の研究，遺伝子工学への応用として，例えば，微量の放射性同位元素を標識として含んだ養分を植物に与えると，植物体内での移動の様子を外部から検知できる．その結果，植物が肥料を吸収する経路や分布が分かったり，光合成のしくみなどの生体機能の研究，あるいはDNAの構造解明等遺伝子工学への利用などに役立つ．このような目的に使用される放射性同位元素をトレーサーという（図6.14）．

　(2)　照射利用

　① 医療（診断，治療）への利用（図6.15）

　レントゲン装置，X線CTなどにより得られる人体の透視写真，断面像による病気の診断，放射線の集中的な大量照射によって細胞分裂の盛んながん細胞を殺す治療，皮膚のあざなどの治療にも使われている．

　② 殺菌，殺虫，防虫

　じゃがいもの芽にγ線を照射し，発芽を抑制し，長期保存したり，医療廃棄物にγ線を照射して殺菌するなどに利用されている（じゃがいもが放射能に汚染されるので

図 6.16 品種改良[12]
農作物や園芸植物の品種改良に用いられる放射線は主として γ 線と X 線であり，中性子線も用いられる．

危険と誤解している人がかなりいるが，中性子を照射するわけではないので，γ 線に照射されたじゃがいもが放射能を帯びることはない）．

③ 品種改良など農業への利用

植物に照射して突然変異を起こさせて，品種改良をするのに利用されている．

④ 放射線の透過，吸収，散乱現象を利用して，溶鉱炉から出てきた赤熱状態の鉄板，紙の厚さを非接触で連続的にリアルタイムで計測する際などに利用されている．また，γ 線を照射することによって，対象物を壊さないで検査する方法（非破壊検査という）に利用されている（図 6.16）．

特に，γ 線を使用して透視写真を撮る場合は，少量の放射性同位元素を線源として用いるので，装置が簡単であり，大型の X 線発生装置が持ち込めないような現場の金属の溶接部分の検査などに利用されている．

⑤ ビニール電線，カーテン布地などに γ 線を照射し，化学結合を強くして，耐熱ビニール電線，防炎カーテンにするなど，物質を改質するのに利用されている．

⑥ 試料に中性子を照射し，原子核反応を起こさせ，微量物質を放射化させて分析する．

(3) 年代の測定（図 6.17）

放射性同位体による年代測定は，地球科学の研究に欠かせない有力な手段である．例えば，大気中の窒素に宇宙線に含まれる中性子が当たり，放射性同位体の炭素 14 ができる．植物は炭酸同化作用により炭素 14 を取り込む．動物はその植物を食べて体内

120   6.7 放射線の有効利用

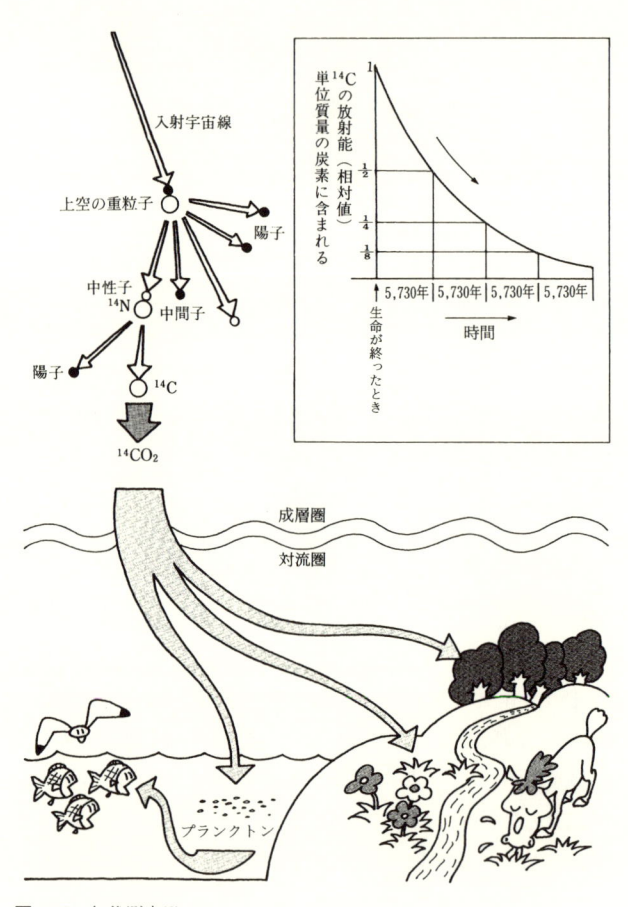

図 6.17 年代測定[12]
　炭素14の生成と自然界の循環：このようにして動植物の体内に入った炭素14の放射能は，生命が終わったあとは，半減期5,730年で減っていく．

に吸収する．このように動植物は絶えず環境から，炭素 14 を吸収し，一方で排泄し，体内の炭素中の炭素 14 の濃度は，自然環境における炭素中の炭素 14 の濃度と同じであるが，死亡すると，環境からの取り込みが無くなり，その時点から炭素 14 の量が時間と共に指数関数的に減少する．したがって，その減少の割合から死亡年代を求めることができる．

◆ アイスマンの死亡年代の測定

オーストラリアとイタリアの国境付近の氷河から，1991 年，氷付けの遺体が発見された．はじめは遭難者かと思われたが，縄で編んだような衣服，斧，矢筒などの持ち物からかなり古い時代の人らしいことが分かり，考古学研究関係者により，体内，持ち物に含まれる放射性同位体の炭素 14 により年代測定が行われた結果，5 000 年前の人であることが分かった．

参 考 文 献

1) 日本原子力文化振興財団,"放射線のはなし"(1990).
2) 放射線計測協会,"暮らしの中の放射線"(1994).
3) 科学技術庁原子力局監修,"原子力ポケットブック 1998年版",日本原子力産業会議(1999).
4) 久保寺昭子,"身体のしくみと放射線",ユキ出版.
5) 日本アイソトープ協会,"放射線のABC",丸善(1990).
6) 日本保健物理学会,日本アイソトープ協会編"新・放射線の人体への影響",丸善(1993).
7) 日本アイソトープ協会,"やさしい放射線とアイソトープ",丸善(1996).
8) 服部禎男,名古屋工業大学共同研究センター講演資料「ケララ州出張記」(1994).
9) 桜井邦朋,"地球環境論15講",東京教学社(1993).
10) M.Y. Han著,渡辺正訳,"ミクロの世界の主役たち",マグロウヒル(1991).
11) 犬飼英吉,"エネルギーと地球環境",丸善(1997).
12) 力武常次,永田豊,小川勇二郎,"新地学",数研出版,(1996).
13) 放射線医学総合研究所,放射線科学,**32**,(4),(1989).

図 表 の 出 所

1) 日本原子力文化振興財団,「原子力」図面集,p.113,日本原子力文化振興財団(1999).
2) M.Y.ハン著,渡辺正訳,"ミクロの世界の主役たち",p.34,マグロウヒル出版(1991)を参考にした.
3) 大山彰,"原子力工学",p.37,オーム社(1994)を参考にした.
4) 原子力安全技術センター,"A to Z くらしとアイソトープ",p 6.
5) 4)の p.8.
6) 日本アイソトープ協会,"やさしい放射線とアイソトープ",P.13,14,15,17,5,丸善(1996).
7) 浜野洋三,"地球のしくみ",p.54,日本実業出版社(1995).
8) 1)の p.116.
9) 1)の p.118 に加筆.
10) 1)の p.121.
11) 6)の p.40.
12) 6)の p.39,53,67,77.

7 電磁波・電磁界(EMF)，放射線と私たちの身体
―― 電磁波・電磁界(EMF)，放射線でがんになるというのは本当か？――

　携帯電話を長時間使用すると脳腫瘍になるとか，あるいは送電線から出る電磁界(EMF)により付近住民が白血病になったとか，放射線を受けると奇形児が生まれたり，がんになるというのは本当か？

　6章で述べたように，電磁波は波長によってX線，光，電波といった，さまざまな種類があり，それによって生体への影響が大きく異なるにもかかわらず，電磁波すべてを同一視して，すべてが同様に危険なものであると誤解している人が多い．

　一般の人は放射線と聞くと，同時に原子力発電所の事故や核爆発による放射能汚染などのマスコミの報道を思い起こし，危険という概念だけが先行するので，ときに放射線を恐怖の対象と考える．しかし，これは正しい知識を持っていないためである．

　最も大きな誤解は，放射線の量により大きく異なる影響を同様に考えている点にある．人類は，地球に誕生して以来，自然の放射線を浴び続けている．その量は1人当り年間平均1.1ミリシーベルト（空気中のラドンの影響を入れると2.4ミリシーベルト）である．一方放射線で人が死に至るのは，一度に全身に7000ミリシーベルト以上の大量の放射線を受けた場合である（図7.1）．

　次に，放射線の人体への影響，特に遺伝的影響についての大きな誤解がある．人類が，一度に大量の放射線を浴びた世界唯一の不幸な例は，広島，長崎の原爆被災例である．しかし実は，広島，長崎両市における疫学的調査において奇形児が増えたという証拠は見つかっていないのである．

7.1 電磁波・電磁界(EMF)の人体への影響

　電磁波は，6.1で述べたように，電界の振動と直角に磁界の振動が一緒になって進む縦波のことであり，その電磁波がつくる電気や磁気が影響を及ぼす場所を電磁界

7.1 電磁波・電磁界 (EMF) の人体への影響

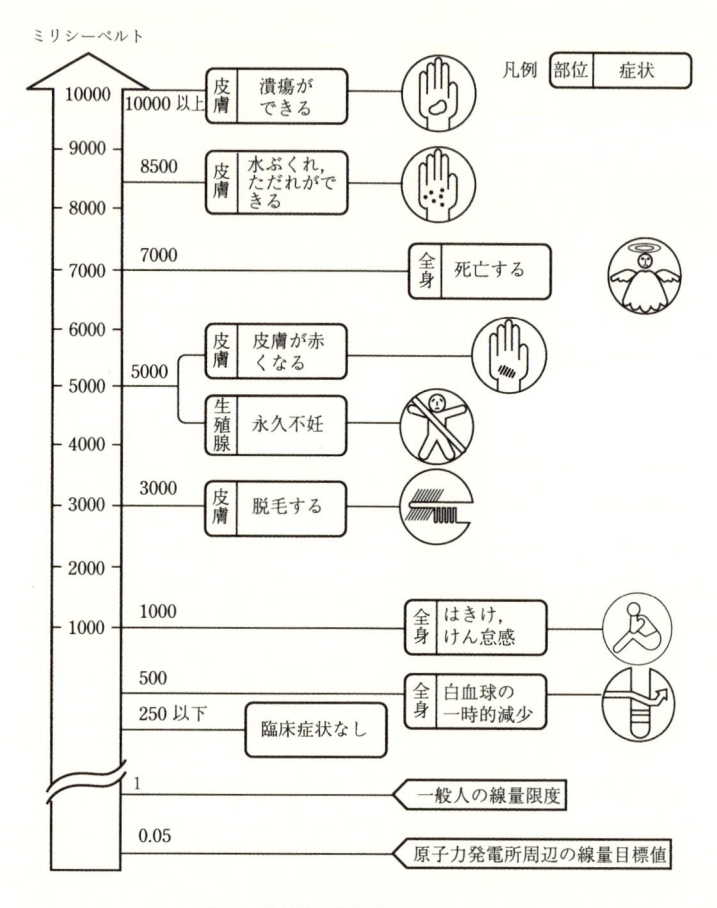

```
ミリシーベルト
↑
10000 ─ 10000以上  皮膚 | 潰瘍ができる
 9000
 8000 ─ 8500       皮膚 | 水ぶくれ,ただれができる
 7000 ─ 7000              全身 | 死亡する
 6000
 5000 ─ 5000       皮膚 | 皮膚が赤くなる
                   生殖腺 | 永久不妊
 4000
 3000 ─ 3000       皮膚 | 脱毛する
 2000
 1000 ─ 1000              全身 | はきけ,けん怠感
        500               全身 | 白血球の一時的減少
        250以下    臨床症状なし
          1                      ─ 一般人の線量限度
          0.05                   ─ 原子力発電所周辺の線量目標値
```

凡例 | 部位 | 症状

図 7.1 放射線の急性障害[1]

(electric and magnetic field) といい,頭文字を取り EMF と略す.最近,マスコミなどで危険であると騒がれている,問題の電磁波・電磁界は,次の二つに大別できる.

① 現在,広く普及している携帯電話などから出る波長 10～30 cm (周波数 30 億～10 億ヘルツ) のマイクロ波 (超高周波の電磁波).

② 送電線,家庭電気機器などから出る周波数 50・60 ヘルツ (波長 6 000～5 000 km) のような低周波 (商用周波ともいう) の電磁界.

これらの人体への影響については次のように大きく異なる.

(1) マイクロ波の人体への影響

波長 10 cm (周波数 30 億ヘルツ) クラスのマイクロ波は生体組織に吸収されると,

その温度を上げる効果（熱効果）がある．これについては，波長12cm（周波数24.5億ヘルツ）のマイクロ波を使用している電子レンジを例に説明する．食品中には水分が含まれているが，水分子は水素原子部分がわずかにプラス寄りに，酸素部分がわずかにマイナスよりに荷電している極性分子（もちろん分子全体では±ゼロである．図5.1参照）である．電子レンジの電極間の食品に強いマイクロ波を加えると，電極間は1秒間に24億5000万回プラスになったりマイナスになったりする．それに引きつけられて，食品中の極性を持つ水分子が激しく動き，その摩擦熱によって温度が上昇する．これがマイクロ波の熱効果である．

人間の身体には，水分が含まれているので，人間にマイクロ波を照射すると，電子レンジと同じような熱効果が現れる．しかし，携帯電話の出力は，電子レンジと比較すると桁違いに小さく，人体に熱効果を及ぼすとは考えにくい．

現在，問題になっているのは，頭など身体の極めて近くで使用される携帯電話で，マイクロ波が脳細胞の中にある遺伝子DNAを傷つけて細胞をがん化する（非熱効果）のではないかということである．

1996年，アメリカのワシントン大学のヘンリー・ライ博士がパルス化した2.45億ヘルツのマイクロ波をラットに照射したところ，照射直後には影響がなかったものの，照射後4時間経過してからラットの脳細胞の遺伝子DNAの鎖が切断される現象が増えたことが確認されたという論文がイギリスの新聞に掲載されたのが始まりである．さらにその後，発熱したリスザルにマイクロ波を当てたら，体温をコントロールする脳の中枢神経に影響を及ぼし，炎症による発熱が下がりにくくなることが報告された．

これらの実験だけから直ちにマイクロ波が人体に影響を及ぼすという結論を下すことはできないが，その可能性を完全に否定することもできない．マイクロ波の熱効果については，科学的研究の蓄積があるが，非熱効果については，科学的蓄積はなく，したがって，マイクロ波と脳腫瘍やホルモン異常との因果関係の有無については分かっていないのが現状である．

先進国の多くの国々では，マイクロ波の非熱効果の研究が進むのに対応して，携帯電話の防護指針を見直す作業が進められている．わが国でも，周波数の範囲は10キロヘルツから300ギガヘルツまでの電波に対して，民間レベルのガイドライン，電波防護標準規格(1993年)があるが，携帯電話の急速な普及に即して，電波防護に関する最近の研究報告，海外の動向などを踏まえて，現在，郵政省で見直しが進められている．

(2) 送電線，家庭電気機器などから漏れる電磁波・電磁界(EMF)の人体への影響

送電線，家庭電気機器などから大気に漏えいする電磁波は，波長が50ヘルツで6000

7.1 電磁波・電磁界(EMF)の人体への影響

km, 60ヘルツで5000kmと極めて長く,電磁波発生源からの距離が波長に比べて極めて小さいので(例えば電気機器からの距離が1cmとか,送電線からの距離が100mとか),波としての性質が失われ,人体への影響を考える場合は,電界・磁界とにそれぞれ分けて考えることができる.

電界には,雷雲の下に生じるような時間的変化の少ない静電界(電界の強さが1mで2万ボルトの電位差がある場合もある)と送電線の下で生じる交流電界(1秒間に50～60回プラスになったりマイナスになったりする電界)がある.

電界の人体への影響は,電圧が高くなると,その電界で誘導された電気の放電による不快感(ドアのノブに触れた時に静電気によりパチッとする感じと同じ感じ)が問題になった.これに対して,人が容易に立ち入る場所を送電線などから十分離し,電界の強さを一定値以下にすることで防止している.わが国では通産省の「電気設備に関する技術基準」により1m当り3000V以下に制限されている.

一方,送電線の近辺,家庭電気機器付近のEMFによる人体への影響で問題にされている交流磁界は,規則的な変化をする低周波磁界である.その磁界の強さは,周期的にも不規則的にも変化する自然界の地磁気と同じレベルで比較できない不明な点もあるが,地磁気が0.3～0.5ガウス[*1]に対して,送電線の近辺で0.001～0.2ガウス程度,家庭電気機器で0.02～0.53ガウス程度のいずれも極微弱な値なのである(図7.2).

従来,一般に低周波の電磁波は6.1(2)で述べたようにエネルギーが非常に小さく,電離作用がないことから,直接DNAを傷つけ,がんを発生させるような作用はないと考えられてきた.

しかし,1970年に旧ソ連の超高圧変電所従業員の不定愁訴の原因が,電界によるものではないかと示唆されたのが,電界と人体への影響が問題視される発端となった.一方,1979年にアメリカで小児白血病の発病率が,送配電線の近くで増加することを示唆する疫学的調査[*2]の結果が報告され,1992年にはスウェーデンで磁界と小児白血病との関連性を示唆する同様な結果が報告された.

これらの疫学調査は,電磁界による要因による影響とそれ以外の要因による影響と

[*1] ガウス(G)は磁界の強さを表す単位.磁界は電線に電流が流れると,その電線を中心に同心円状に生じる.1ガウスは500Aの電流が流れている電線から1m離れた点での磁界の強さを表す.

[*2] 疫学的調査とは,人の集団における疫病の発生原因の追求に統計的手法を利用する調査をいい,具体的には,二つの集団間において病気の発生率に差があるかどうか,差がある場合,病気の原因と結びつく環境要因との間に統計的に見て有意差があるかどうか調べる調査である.前記調査は,白血病の発生と,電磁界,放射線との関係を調べたものである.食中毒のO-157の発生原因調査もこの手法が使われた.

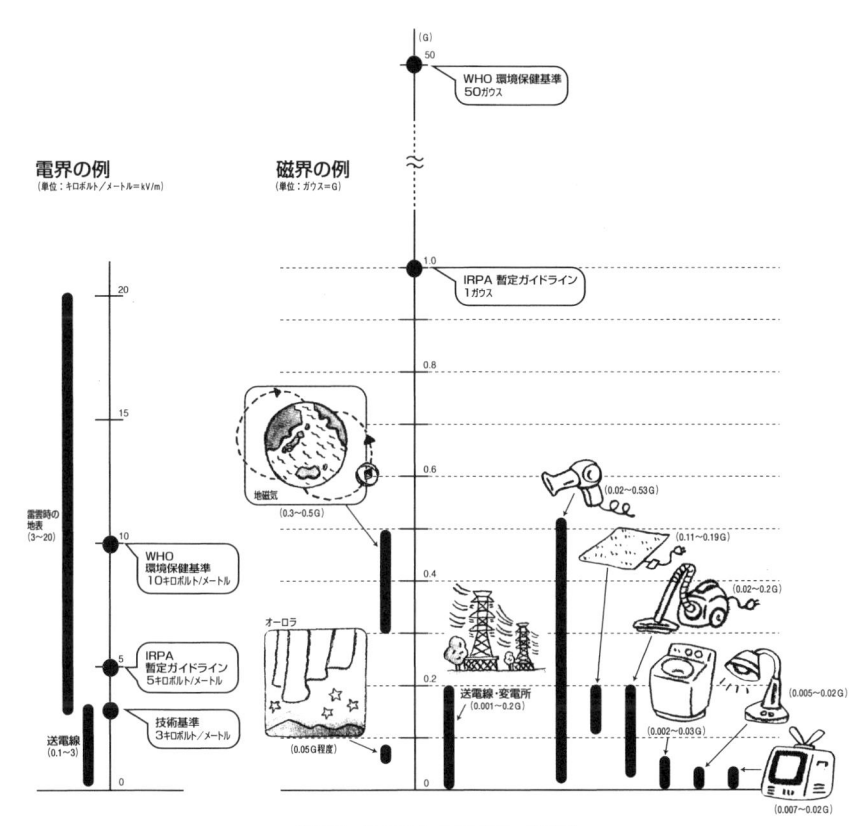

図 7.2 身のまわりの電界，磁界[2)]

を区別していなかったり，障害の発生率が極めて低く統計的有意差が明確に認めにくいなどの問題点が指摘されている．

しかし，これら疫学的調査により問題が提起されたのをきっかけに，世界各国で電磁界の人体への影響，特に発がんとの因果関係を解明するため，文献調査，疫学調査，動物実験，および細胞実験が進められている．

国内では，1993年通産省資源エネルギー庁が電磁界影響調査検討会を設け，既発表の研究論文の科学的評価や実態調査を行い「現時点において，居住環境で生じる商用周波磁界により，人の健康に有害な影響があるという証拠は認められない．また，居住環境における磁界の強さは世界保健機構 (WHO) の環境保全基準などに示された見解に比べ，十分低い」との見解を発表した．現在，2000年をめどに生物学的調査研究が行われている．

7.1 電磁波・電磁界 (EMF) の人体への影響

表 7.1 電磁界についての公的機関の見解

(1) 電界

機関名	名称	見解
世界保健機関 (WHO)	環境保健基準第 35 巻 (1984 年)	10 kV/m 以下の電界では,立ち入りを制限する必要はない.
国際非電離放射線防護委員会 (ICNIRP)	時間変化する電界,磁界及び電磁界への曝露制限のためのガイドライン (1998)	一般公衆, 50 Hz の場合 5 kV/m 以下. 〃 60 Hz の場合 4.2 kV/m 以下.
通商産業省	省令「電気設備に関する技術基準」第 112 条 (1976 年)	人が容易に立ち入る場所の地表 1 メートルにおいて 3 kV/m 以下とする.

(2) 磁界

機関名	名称	見解
世界保健機関 (WHO)	環境保健基準第 69 巻 (1987 年)	50 ガウス以下の磁界では,有害な生物学的影響は認められない.
国際非電離放射線防護委員会 (ICNIRP)	時間変化する電界,磁界及び電磁界への曝露制限のためのガイドライン (1998)	一般公衆, 50 Hz の場合 1 ガウス以下. 〃 60 Hz の場合 0.8 ガウス以下
通商産業省	電磁界影響に関する調査検討報告書 (1993)	居住環境の磁界により,人の健康に有害な影響があるという証拠は認められない.
米国物理学会 (APS)	米国物理学会の評議会による声明書 (1995 年)	ガンと電磁界に関連づける憶測は,科学的に立証されていない.

["電力中央研究所調査報告" より]

また,環境庁も 2 度にわたり調査研究を行い,① 世界保健機構 (WHO) の環境保全基準に示されるこれまでの知見を修正するに足る報告はなにもない,② 疫学研究の具体的調査手法を確立することが必要,と評価している.

電気学会でも 1995 年に電磁界生体影響問題調査特別委員会を設けて電気工学,医学,生物の専門家らにより,1991 年以降に発表された電磁界の人体への影響に関係した論文 83 件を調査し科学的評価を行った.その結論は,電磁界の実態と実験研究で得られた成果をもとに評価すれば「通常の居住環境における電磁界が人の健康に影響するとはいえない」と結論を下している.電磁界に対する公的機関の見解は表 7.1 の通りである.

また,これまでに行われた生物学的研究は,動物を用いた遺伝子・がんや生殖・神経伝達系などの研究とがんに関連した細胞レベルの研究がある.いずれも商用周波の電磁波・電磁界による影響は認められていない.

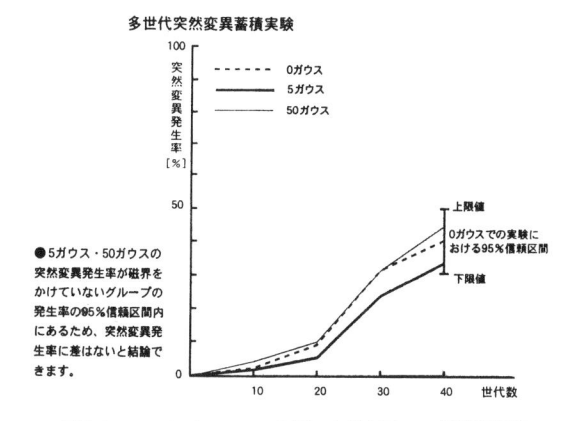

図7.3 ショウジョウバエを用いた遺伝子への影響評価[3]

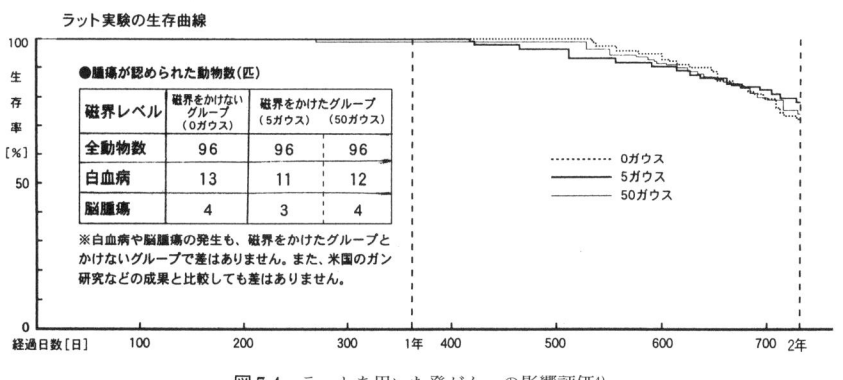

図7.4 ラットを用いた発がんへの影響評価[4]

　動物実験の例として，アメリカの生物電磁気学会（BEMS）に掲載された[31]東京電力などが行った「ショウジョウバエを用いた遺伝子への影響評価」や「ラットを用いた発がんへの影響評価」に関する研究結果を紹介する．

　① ショウジョウバエを用いた遺伝子への影響評価試験（図7.3）
・50ガウスまでの磁界をかけても，ショウジョウバエの突然変異の発生率に差は生じなかった．
・40世代まで磁界をかけ続け，順次突然変異を蓄積して比較したが，磁界をかけたグループとかけないグループの生存率に差はなかった．

　② ラットを用いた発がんへの影響評価試験（図7.4）
・ラットの一生涯に相当する2年間磁界をかけ続けたが，磁界をかけたグループとかけないグループとで生存率に差はなかった．

7.2 放射線の人体への影響

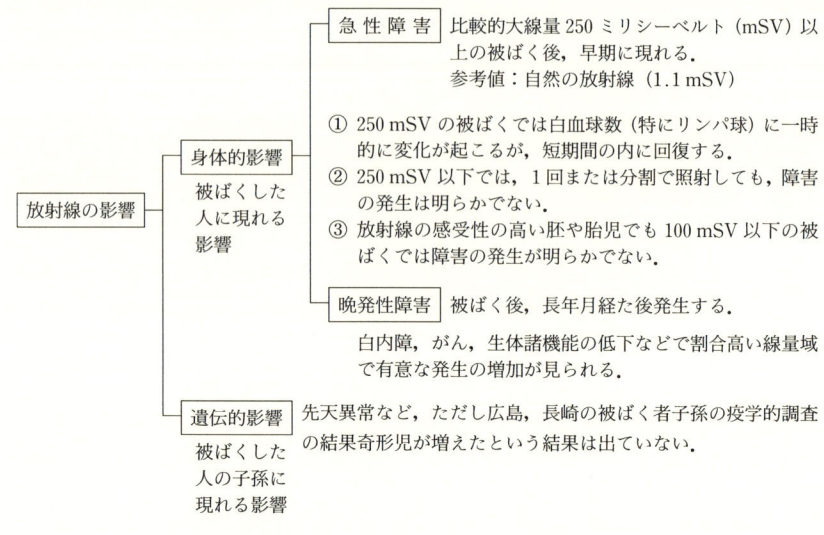

```
                        ┌─ 急性障害   比較的大線量 250 ミリシーベルト (mSV) 以
                        │            上の被ばく後,早期に現れる.
                        │            参考値：自然の放射線 (1.1 mSV)
              身体的影響 │
              被ばくした │  ① 250 mSV の被ばくでは白血球数(特にリンパ球)に一時
              人に現れる │    的に変化が起こるが,短期間の内に回復する.
              影響      │  ② 250 mSV 以下では,1回または分割で照射しても,障害
放射線の影響 ─┤          │    の発生は明らかでない.
              │          │  ③ 放射線の感受性の高い胚や胎児でも 100 mSV 以下の被
              │          │    ばくでは障害の発生が明らかでない.
              │          │
              │          └─ 晩発性障害  被ばく後,長年月経た後発生する.
              │                       白内障,がん,生体諸機能の低下などで割合高い線量域
              │                       で有意な発生の増加が見られる.
              │
              └─ 遺伝的影響   先天異常など,ただし広島,長崎の被ばく者子孫の疫学的調査
                 被ばくした   の結果奇形児が増えたという結果は出ていない.
                 人の子孫に
                 現れる影響
```

図 7.5　放射線を受けた場合の障害による分類
[参考：科学技術庁監修,"原子力ポケットブック"]

・試験終了後,すべてのラットを解剖して各臓器の状況を検査したが,各グループでの差は認められなかった.

以上の専門家による中立機関等の調査研究結果をふまえた見解から,送電線などの電力設備,家庭電気機器(携帯電話を除く)などから漏出する商用周波の電磁波・電磁界が人の健康に影響を及ぼすとは考えにくい.

7.2 放射線の人体への影響

放射線の人体への影響については,一般に次のように分類されている.
(1) 放射線を受けたときの障害による分類 (図 7.5)

放射線を受けた本人に現れる身体的影響と,その人の子孫に現れる遺伝的影響とがある.さらに身体的影響にはその症状が早期に現れる急性障害と,後になって現れる晩発性障害とに分類できる.

(2) 放射線防護からの影響分類 (図 7.6,図 7.7)

放射線防護の観点から,次の二つに分けられる.
① 放射線を受けても障害が発生する場合と,発生しない場合があり,受けた線量に

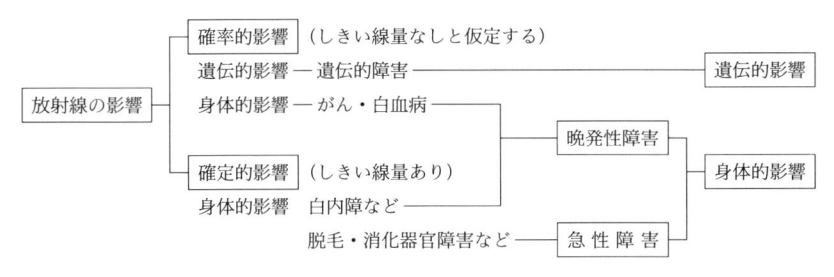

```
                    ┌ 確率的影響 （しきい線量なしと仮定する）
                    │ 遺伝的影響 ── 遺伝的障害 ──────────────── 遺伝的影響
                    │ 身体的影響 ── がん・白血病 ──┐
                    │                              ├── 晩発性障害 ┐
放射線の影響 ────────┤                              │              ├── 身体的影響
                    │ 確定的影響 （しきい線量あり） │              │
                    │ 身体的影響   白内障など ─────┘              │
                    │            脱毛・消化器官障害など ── 急 性 障 害 ┘
```

図 7.6 放射線防護の観点からの影響分類と障害による分類との関係

比例してその発生確率が高くなるだけで，症状のひどさ（重篤度）とは無関係の影響を確率的影響という．がん，遺伝的影響などがこれに属する．

例えば，煙草を吸う人が必ずがんになるとは限らないが，煙草を吸う人は，吸わない人に比べてがんになりやすいといわれているのと似ている．

確率的影響は，しきい線量[*3]がないと仮定して，防護対策を考える．すなわち，250ミリシーベルト以下の低線量の放射線を受けても急性障害は現れない．しかし，後になって現れる晩発性障害，遺伝的影響については，放射線防護という観点から万一ということを想定して，「安全サイドに立って考える」という考え方に基づいている．

確率的影響のしきい線量の詳細については，7.5 で述べる．

② 放射線をある値以上受けると，必ず障害が発生する．そのとき，放射線が及ぼす影響を確定的影響という．脱毛，不妊，放射線やけど，白内障などが放射線の確定的影響に属するものである．確定的影響は，しきい線量を設定して防護対策を考える．

7.3 確率的影響

(1) 人体を構成している物質と DNA

人間が放射線を受けるとどうなるのか，その前に人体を構成している物質と構造を知る必要がある．

地球上の生物は，人間から微生物に至るまで，すべて類似の細胞構造を持ち，細胞は共通の物質，すなわち，デオキシリボ核酸(DNA)，タンパク質，デンプン，脂質などの生体高分子化合物と各種有機化合物，水，およびわずかな無機物からできている．

＊3　しきい線量とは，反応を起こし得る最小の刺激で，それ以下では反応しない限界値(許容値)のことをいう．例えば，風邪薬も一定量超えて大量に飲めば，劇薬として働き死に至るが，それ以下の適量ならば，薬としての効果がある．この一定量がしきい値に相当する．

7.3 確率的影響

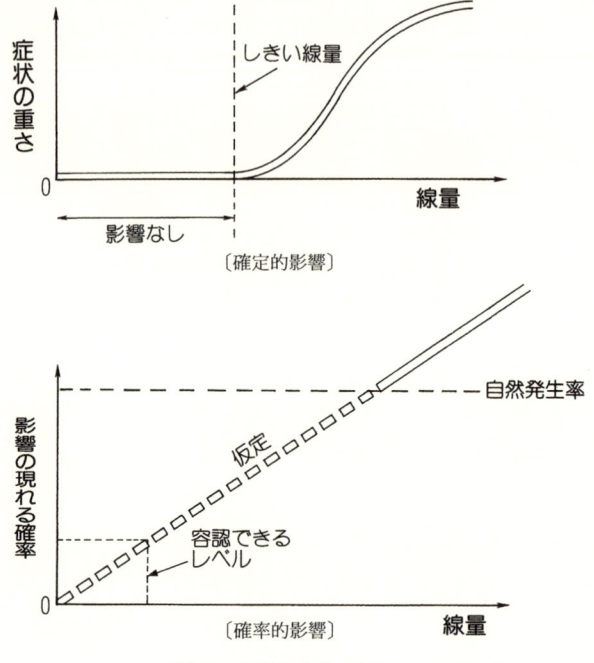

図7.7 放射線防護の考え方[5]

放射線の人体への影響を調べる上では，この中の細胞の核に含まれている染色体の主要分子であるDNAが，極めて重要な物質である．

DNAは長いらせん階段状に分子が鎖状につながった構造の高分子であり，遺伝情報は，この階段のステップに相当する部分に，4種の塩基A(アデニン)，T(チミン)，G(グアニン)，C(シトシン)の配列の順序により書き込まれている．つまり，遺伝の暗号がこの中に隠されているのである．

遺伝子DNAの構造は，人間から昆虫，ウイルスに至るまで同じであり，例外は発見されていない．また，DNAに遺伝情報を乗せて世代を継いでいく方式は，遺伝情報の量に大きな差があるものの，地球上のほとんどすべての生物に見られる．

(2) DNAに対する放射線の作用

DNAが放射線を受けると，次のような過程で損傷を受けると考えられる(図7.8)．

① 直接作用

放射線のエネルギーが直接DNAに与えられると，らせん階段の手すりに相当する分子鎖に傷を付けたり，切ったり，破壊したりする．これを直接作用という．

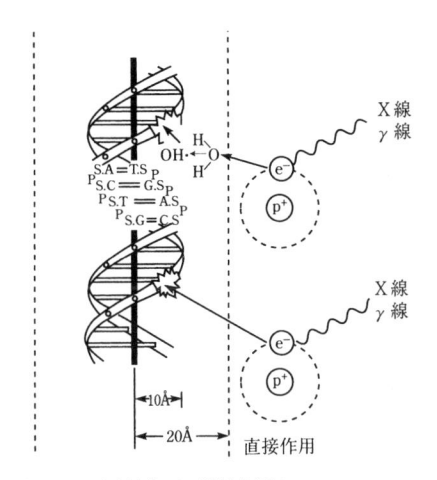

図7.8 DNAの模式図および直接作用と間接作用[6]
P：リン酸，S：糖，A：アデニン，T：チミン，G：グアニン C：シトシン
[E.J.Hall, "Radiobiology for the Radiogist", Harper&Row Pabilisher より]

② 間接作用

放射線のエネルギーが，体内の水分子（人体の約75％は水分といわれている）に与えられると，水分子が化学反応性に富むH・ラジカル，OH・ラジカルに分解され，これらが細胞中に拡散して，DNAと反応し，DNAの鎖状構造を破壊する．このような現象を水分子が介在して間接的に起こることから，間接作用という．

一般に，細胞のほかの分子が損傷を受けても，DNAが健全であれば，その細胞は元の健全な状態に回復するが，DNAが破壊されると，その細胞は分裂能力を失い，細胞が死んでしまう（不活性）．しかし，DNAのらせん階段の手すりに相当する分子鎖の一方だけが切れたり，障害が生じても，ある種の酵素の働きによりDNAは修復される．修復がうまくいかないと細胞が死滅し，間違って修復されると突然変異を起こすことが知られている．

(3) 放射線による発がんのメカニズム

放射線を照射すると，動植物の突然変異を起こす確率が高くなることは古くから知られている．また，発がん物質のほとんどが突然変異を起こしうることから，正常細胞ががん細胞に転化する過程は突然変異の過程とかなり似た部分がある．

7.3 確率的影響

　がんはがん遺伝子という一連の遺伝子によって引き起こされることが明らかになっているが，正常細胞の中にもがん遺伝子が見られる．正常な細胞が，放射線を受けることによってどのようにがん細胞に転換するかについては，色々な説があるが，残念ながら，現在の時点で，放射線によるがんについて完全に説明できるものはない．

　最近の研究結果によれば，DNA の損傷は呼吸で肺に入る活性酸素によっても発生し，さらに酸素のほか，化学物質などによる損傷もあり，それらを考え合わせると，人間が，普通の日常生活において，DNA に損傷を受ける量は膨大な数にのぼる．ちなみに，1 日に肺に入る活性酸素による DNA の損傷は，1 年間の自然の放射線による損傷に匹敵するといわれている．

　しかし，健康な人間には DNA の損傷を修復する機能があり，ストレスタンパク質[*4]が細胞内に十分あればあるほど，修復は容易，円滑に進められる．この修復機能が正常に働いていれば発がんしない．

　また，修復機能が低下しても，健康な人間は P 53 というがん抑制遺伝子を持っており，がん細胞がタンパク質などの素材を取り込んで異常増殖を始めると，P 53 は特殊なタンパク質をつくり出し，がん細胞の増殖を抑制する．それと同時に正常な細胞の働きを制御し，異常を生じた細胞に「死ね」という命令を出して自殺（アポトーシス）させ，がん細胞の異常増殖を阻止する働きをする．さらに，血液中のヘルパー T 細胞[*5]などの免疫系の異常細胞消滅活動も発がん抑制機構として働く（このような働きを「適応応答」[*6]という）．したがって，発がんはがん細胞の異常増殖により，抑制機構，免疫機構に障害を生じたときに起こるといわれている．

(4) 確率的影響の判定の難しさ

　放射線によるがん，白血病などの確率的影響の判定は，その病気が放射線を受けたことを原因とするものか，ほかの原因によるものなのか，症状だけでは明確に区別できない．

　例えば，放射線を受けることにより，がんは発生しやすくなるが，がんは食物の中に入っている発がん物質によって発生することもよく知られている．したがって，ある個人のがんの発生が放射線によるものかどうかは，その人が過去に医療被ばくも含

---

　*4　ストレスタンパク質とは，生体が外部からのストレスを受けたとき，1 群のタンパク質を合成，分泌して，障害を受けた代謝系の回復を促進する働きをする．このようなタンパク質をストレスタンパク質という．
　*5　ヘルパー T 細胞はリンパ球の一種であり，リンパ系統に存在し，がんなどの異常な細胞，病原菌を殺す働きをするなど，総合的な免疫活動をする．
　*6　環境から生じるあらゆるダメージに対して，生物は体内の活動が対応処置を講じて乗り切っていこうという本質的な力が備わっている．これを生物学的には「適応応答」という．

めて，どのくらい放射線量を被ばくしたか，またどのような食物を摂取してきたかをもとに確率的に判断するか，疫学的調査により統計的に推定するしか判定方法はない．

7.4 広島，長崎の遺伝的影響（確率的影響）

遺伝的影響については，原爆傷害調査委員会（ABCC，現（財）放射線影響研究所）によって幾つかの遺伝調査が行われたが，原爆被ばく者の子供に異常が増えたという結果はみられなかった[2]．

特筆すべき調査は，1948年ABCCで「原爆放射線の遺伝的影響」が最重要調査項目としてとり上げられ，ミシガン大学人類遺伝学のJames V. Neel教授の一貫した指導のもと，約40年に亘って行われた人類遺伝学史上で最大規模の追跡調査である．この調査は，①性染色体の数の異常 ②安定型染色体異常 ③血球タンパク質遺伝子の突然変異 ④20歳までのがん発生 ⑤発生異常・死産・新生児死亡，誕生直後死亡 ⑥生後早期の死亡について行われた．その結果，何れの項目についても統計学的に有意な差はなかった．詳しくは分子放射線生物学の権威である近藤宗平大阪大学名誉教授の著書「低線量放射線の健康影響」，近畿大学出版局（2005），p.146～148を参照されたい．

7.5 確率的影響のしきい線量

(1) マラーの法則（どんな少しの放射線を受けても害があるという説の理論的根拠となっている法則）

放射線を医学に利用し始めた初期に発生した医療関係者の放射線障害は，放射線医学の発展と共に世界的規模で広がり，多数の人がその犠牲になった．そこで，各国は最大でどのくらいまで放射線被曝を許容するか，すなわち毎日浴び続けても臨床的に障害が出ない「安全な」許容線量を定め，放射線障害防止規定に取り入れた．

ちょうどそのころ，この根底を覆すような実験研究の結果が，遺伝学者J.H.マラーによって発見された．

1927年マラーは，多数のショウジョウバエに非常に高い線量の放射線を当てることにより突然変異が起きることを発見した．この研究は，その後，彼の弟子のオリバーに引き継がれ，最小285レントゲン（照射線量の旧単位，現在はクーロン毎キログラムで表す．1レントゲン＝2.58×10^{-4}クーロン毎キログラム）というX線の量で突然変異率が放射線の照射線量に正比例することを発見した．

7.5 確率的影響のしきい線量

　その後，スペンサーとスターンが25〜4000レントゲンの照射線量の範囲でも，突然変異率が放射線の照射線量に正比例する関係が成り立ち，25レントゲン以下に延長すると，ゼロ点を通ることを発見し問題視された．さらにその後，塩見敏男氏らはさらに低い照射線量8レントゲンまでこの正比例関係があることを確認した．

　マラーの研究は肉眼で観察できるような突然変異は，一般に発生頻度が極めて低く，統計的な取扱いが難しいので，実験の便宜上，可視突然変異よりはるかに発生頻度が高い致死突然変異を指標にとり行われた．それでも，低い照射線量の範囲では，突然変異の発生率が極めて低く，必要な精度のデータを得るためには天文学的な数のショウジョウバエを使って行わなければならず（塩見氏の実験では，20〜30億匹のショウジョウバエが使われた）さらに低い線量領域で，正比例関係が成り立つのかどうかは実験では確認されていない．

　以下がその研究の結果である．
① 放射線によって起きる突然変異の発生率は線量に正比例して増加する．
② 総線量が等しければ，一度に，長時間かけて照射しても，短時間で照射しても，突然変異の発生率は等しい（放射線の強度には無関係）．
③ 1回で連続照射しても，途中で中断し，時間をおいて分割照射しても，総線量が等しければ突然変異率は等しい（放射線の影響は蓄積される）．

　以上のような結果から，どんな少しの放射線を受けても遺伝的影響がある．遺伝的な効果は蓄積するという結論を出した．

　これが確率的影響はしきい線量なしとする理論的根拠となっているマラーの法則といわれるものである．この結論に対して，②，③については，ラッセルの突然変異の実験[*7]により，実際に当てはまらない事実が発見され，現在はマラーの法則は高線量領域において①以外は成立しないと考えられている．

(2) 確率的影響にしきい線量があるとする経験説

　この説は，マラーの法則が，人間にも及ぶとすれば，地球上の人類は，何百世代と自然の放射線を受けながら生きているから，子どもは親より多くの変異遺伝子（奇形児などが現れる遺伝子）を持つことになり，変異遺伝子がどんどん増えて，その総量

　[*7] ラッセルの突然変異の実験（マラーの法則に反する実験結果）
　1985年ラッセルは，マウスの精原細胞にX線を照射し，総線量が等しくても，低線量分割照射の場合より，高線量1回照射の場合の方が突然変異の生じる頻度が高いことを究明し，マラーの法則②，③が当てはまらないことを発見した（図7.9）．
　ラッセルは，これをDNAに修復作用があるためとし，回復仮説で説明した．この回復仮説については，最近のDNAの研究により，傷ついたDNAを修復する酵素をつくる遺伝子が発見されていることからも，正しいことが実証されている．

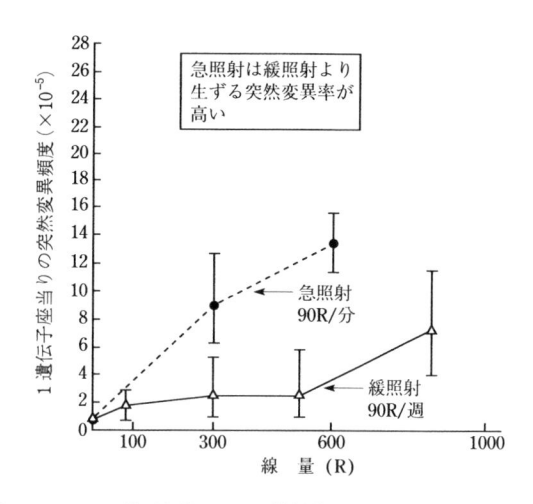

図7.9 マウスの精原細胞における放射線誘発突発変異率の急照射と緩照射の違い[7]

は莫大な数になるはずである．しかるに人類全体の中にある変異遺伝子の総量は変わらない．すなわち，奇形児の現れる原因には放射線以外の色々な原因があるとされているものの，全世界の奇形児の出生率は，いつの世もほとんど変わらないことから考えても，マラーの法則は誤りであるとするものである．つまり自然の放射線程度のレベルの放射線量は，人類は発生以来受けてきているわけだから，適応性を持っており，何も問題ないという説である（1984年7月，電力技術研究会における元名古屋大学長篠原卯吉氏の講演「低線量放射線の人体への影響」より）．

(3) **ホルミシス効果**（しきい線量以下であれば，かえって良い効果があるという説）

低線量の放射線を生物が受けた場合は，逆に良い効果が起こるという研究報告が数多く出ている．このような効果を放射線ホルミシス（ギリシャ語で刺激する，促進するの意味）と呼ぶ．

そもそもX線の発見からの歴史をたどると，1895年にレントゲンによって発見され時点で，X線には悪い面ばかりでなく，良い面もあることが分かっていた．すなわち，1898年には，すでにアトキンソンがX線の照射によって，藻がその成長を早める実験結果を報告している．これ以降にも，低線量の放射線をマウスなどの小動物に照射したら，寿命が延びたとか，既定概念に反する好ましい結果が出たという報告が国際的にも数多く見られ，無視できなくなってきた．

人体への効果については実験例はないが，中国の自然放射線量が高い地域における

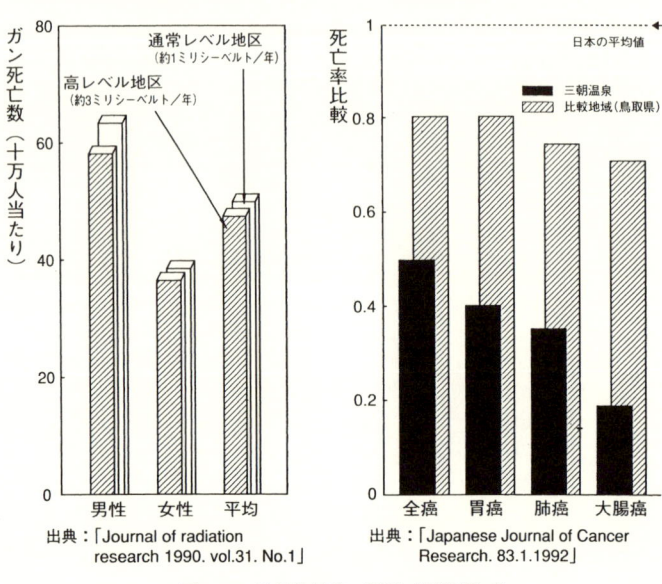

7.5 確率的影響のしきい線量

図7.10 微量放射線の影響（研究例）[8]

住民の寿命，がんの発生率を疫学的調査した結果が報告されている．中国南部の広東省には，モナザイトを含む花崗岩が豊富なため，自然放射線が通常の3倍（チェルノブイル事故時のソ連の規制によれば，強制疎開させられたレベル）[27]もある地域があり，この地域住民と生活環境が似ている近隣住民との健康状態の比較調査が10数年間続けられてたが，統計的に見てがんによる死亡率が低いという結果が認められた[28]．

また，中国地方には，自然放射性物質のラドンガスを多く含む温泉として有名な三朝温泉がある．ここには岡山大学付属病院三朝分院があり，その浴室内の空気は温泉水からラドンが出て空気中のラドン濃度は通常地域の50から100倍もある．このような地域に住む住民と鳥取県の住民とのがん死亡率を比較すると，三朝温泉周辺住民の死亡率の方が低いという統計的調査の結果が出ている（図7.10）．

ホルミシス効果については，日本の電力中央研究所と14の国立大学，研究所との共同研究により，マウスを使った動物実験でこれまでに次のようなことが分かっている．

① 免疫力が高まり発がんを抑制する．
② 酸素活性が高まり，物質代謝が活性化する．
③ 強い放射線に対して，抵抗力が高まる．

ホルミシス効果の研究に関する第一人者であるミズリー大学のT.D.ラッキー教授は，自然放射線の100倍が最適，1000倍が許容値と提唱している．

(4) 確率的影響のしきい線量についての最近の論議（従来の放射線防護の考え方を覆す研究結果の論議）

1999年，東京で内外の放射線，医学，および分子放射線生物学の権威ある研究者を集めて，低線量放射線影響に関する公開国際シンポジウムが開催された．「しきい線量なしとし，どんな少しの放射線を受けても，その量に正比例して障害が発生する」という考え方に基づく放射線防護の規範は，生物の特有の「適応応答」を無視しており，低線量の放射線領域では実態に合わないことを実証したデータが各国の研究者から出され，論議された（図7.11）．

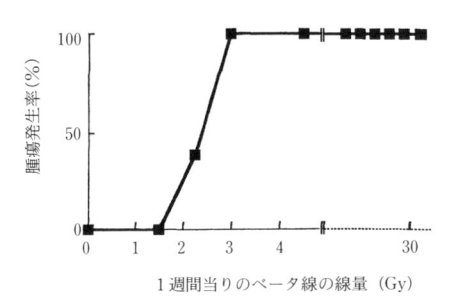

図7.11 放射線発がんのしきい値型反応の例[9] マウスの背中にβ線を週3回照射したときの発がん率．

そもそも，「しきい線量なしとし，どんな少しの放射線を受けても，その量に正比例して障害が発生する」という考え方は，戦後の大気圏内核実験の実施により，世界規模の放射性降下物による遺伝的影響への危惧が高まり，放射線防護という観点から万一ということを想定して「安全サイドに立って考える」という考え方に基づいている．この考え方は，大量の放射線を一度に照射して得られたデータの傾向線を，低線量領域（自然の障害発生率以下で，ほかの原因による障害の発生と区別できない範囲）まで延伸して推定した仮説であり，もともと動物実験により検証されたものではない．

かなり以前から，生物が遺伝子DNAの損傷を修復する機能を持っていることが分かっていたが，100%修復することは不可能であり，わずかながら未修復の傷が残るので，放射線に当たれば，DNAの損傷が蓄積すると信じられてきた．しかし，前述した低線量放射線のホルミシス効果に関する最近の研究から，がん抑制遺伝子（P53タンパク質）の活性が高い場合，損傷した細胞を自殺（アポトーシス）させて排除するメカニズムが発見された．また，このメカニズムは，放射線が弱いときや，徐々に当たったときほど，効率よく働くことが分かってきた．つまり「放射線の量と発がん率の関係は放射線の受け方により変化する」というものである．

このような研究結果は，国際放射線防護委員会（International Commission on Radiological Protection, ICRP）の放射線防護の基本的考え方の根底になっている仮説を覆すものであり，今後，この研究結果を防護基準にどのように取り込んでいくか

がICRPに与えられた大きな課題である．

7.6　確定的影響

　確定的影響については，過去に起こった医療従事者の尊い犠牲，広島，長崎の原爆被災者の痛ましい記録により，しきい線量（線量限度）が明確に決められている．

　大量の放射線を受けたときの急性障害（確定的影響）については，一度に大線量の全身被ばくを経験した世界で唯一の広島，長崎の原爆被災者の記録を手がかりにして，表 7.2 のようにまとめられている．

7.7　放射線の防護の考え方と線量限度

(1)　国際放射線防護委員会（ICRP）の放射線防護の基本的考え方と線量限度

　世界各国の放射線防護に関する法律は，1928 に年設立された放射線の影響に関する専門家の集まりである ICRP の勧告にもとづいている．わが国も ICRP の勧告に従って，原子炉等規制法により基準が定められている．

　ICRP の 1973 年勧告によれば，放射線防護の基本的な考え方は次の通りである．経済的および社会的な考慮を計算に入れた上，合理的に達成し得る限りできる限り低く保つこと（as low as reasonably achievable，ALARA）．

　1977 年の基本勧告と最新の知見を取り入れた勧告によれば，放射線防護に際しては「確定的影響を防止し，確率的影響の発生確率を容認できるレベルにまで制限する」として，1990 年，最新の知見により職業人，および公衆に対する線量限度を表 7.3 のように勧告している．

　人体が放射線を受けたときの影響は，体の一部の組織が受けたときと，全身が受けたときでは大きく異なる．全身に大量の放射線を受けると，いろいろの組織に発がんの確率が高くなるが，体の一部の組織に受けたときには，その組織にしか発がんの確率が高くならない．このような性質と身体部分の放射線感受性を考慮して，線量限度には，一部の組織が受けたときの線量を全身が受けたときの線量に換算した値，すなわち実効線量を用いる．

　また，一般公衆の線量限度が放射線業務従事者の線量限度より低く抑えられている理由は，一般公衆には感受性の高い小児などが含まれているためと，法律に基づく直接的管理を受けていないためである．

表 7.2 大量の放射線を一度に受けたときの急性障害（確定的影響）[10]

	1～10 グレイ (有効な治療ができる範囲)				10 グレイ以上 (死に至る範囲)	
線量の範囲	0～1グレイ	1～2グレイ	2～6グレイ	6～10グレイ	10～15グレイ	50グレイ
治療の必要性と可能性	何も必要なし	臨床的観察	治療は効果あり	治療できる可能性あり	姑息的治療法	
嘔吐の発想	なし	1グレイ—5％ 2グレイ—5％	3グレイ—100％	100％	100％	
悪心＋嘔吐が起こるまでの時間	——	3 時間	2 時間	1 時間	30 分	
主な器官	なし	造血組織			消化官	中枢神経系
特徴的徴候	——	中程度の白血球減少	重い白血球減少，紫斑，出血感染，3グレイ以上で脱毛	下痢，発熱，電解質平衡失調	けいれん，振顫運動失調，嗜眠	
被ばくから最重症期までの期間	——		4～6 週		5～14 日	1～48 時間
治療法	精神療法	精神療法 血液学的観察	輸血，抗生物質	骨髄移植の可能性あり，白血球，血小板輸血	電解質平衡の保持	対症療法
予後	極めて良い	極めて良い	要注意	要注意	不良	絶望的
回復時期	——	数週	6～8 週，12 カ月	長引く	——	
致死率	0	0	0～80 ％	80～100 ％	90～100 ％	
死期	——	2 カ月	2 週	2 日		
死因			出血—感染		小腸結腸炎	非可逆的循環系虚脱，脳水腫

注） 人体への影響を考える場合は，吸収線量（単位：グレイ）に放射線の種類，エネルギーを考慮した等価線量（単位：シーベルト）を使う．γ線，X線の場合，生物学的効果比は1であるから1グレイ＝1シーベルト＝1000ミリシーベルト（最近の研究では，急性障害の生物学的効果比は1.74が提案されている）

[参考：ICRP Publ.28]

(2) 身体の部位の放射線の感受性の違い

放射線に対する身体の組織の感受性については，次のベルゴニ・トリボンドの法則[*8]が大体の場合成立するといわれている．すなわち，

① 細胞分裂の盛んなものほど感受性が高い．
② 分裂過程の長いものほど感受性が高い．

表 7.3 ICRP の 1990 年の線量限度勧告値[1]

作業者	① 実効線量限度 5 年平均で 20 ミリシーベルト/年（100 ミリシーベルト/5 年） ただし，いずれの 1 年間においても 50 ミリシーベルトを限度とする． ② 身体部位の等価線量限度 　水晶体　　　150 ミリシーベルト/年 　皮膚，手足　500 ミリシーベルト/年
女性作業者	妊娠女性（申告した場合）の線量限度 服部表面で 2 ミリシーベルト/妊娠期間 放射性物質の摂取は 1/20
一般公衆	① 実効線量限度 1 ミリシーベルト/年 （特別の状況下では 5 年間の平均が 1 ミリシーベルト/年） ② 身体部位の等価線量限度 　水晶体　　　15 ミリシーベルト/年 　皮膚，手足　50 ミリシーベルト/年

［通産省編，"原子力発電便覧（93 年版）"より］

③ 形態および機能において未分化もの（将来，細胞分裂を多く行う）ほど感受性が高い．したがって，胎児，幼児，成人の順に感受性が高い．

また，感受性により組織を分類すると，次のようになる．

① 感受性の高いもの：生殖線(精巣，卵巣)，骨髄，リンパ組織，ひ臓，胸腺，胎児の組織
② 中程度のもの：皮膚，腸，眼
③ 低いもの；肝臓，筋組織，結合組織，血管，脂肪組織，神経組織，骨，唾液腺，胃

(3) ICRP の放射線防護の基本的な考え方の根拠

ICRP の基本的な考え方は，分かりやすくいえば，医療従事者の尊い犠牲，広島，長崎の原爆被災者の痛ましい記録によりしきい線量が明確な確定的影響は，完全に防止する．しきい線量が明確でない確率的影響については，ALARA の考え方でできるだけ低く抑えるというものである．

しきい線量が明確な確定的影響は，7.6 で述べた通りであるが，確率的影響の遺伝的影響の有意線量についての根拠は，人間に遺伝的な障害が生じたという具体的な証拠に基づくものではない．ICRP の放射線障害防止規定の根拠となっているのは，前述し

＊8　ベルゴニ・トリボンドの法則とは，フランスの放射線生物学者ベルゴニとトリボンドが，雄のラットの生殖組織にγ線を照射したとき，分化の最初の段階にある精原細胞が最も著しい障害を受け，精母細胞，精細胞と分化が進むにつれて障害が軽くなることを発見した．この事実を「放射線に対する細胞の感受性は，増殖能力の程度に比例し，分化の程度に反比例する」という一般法則に要約したもの．

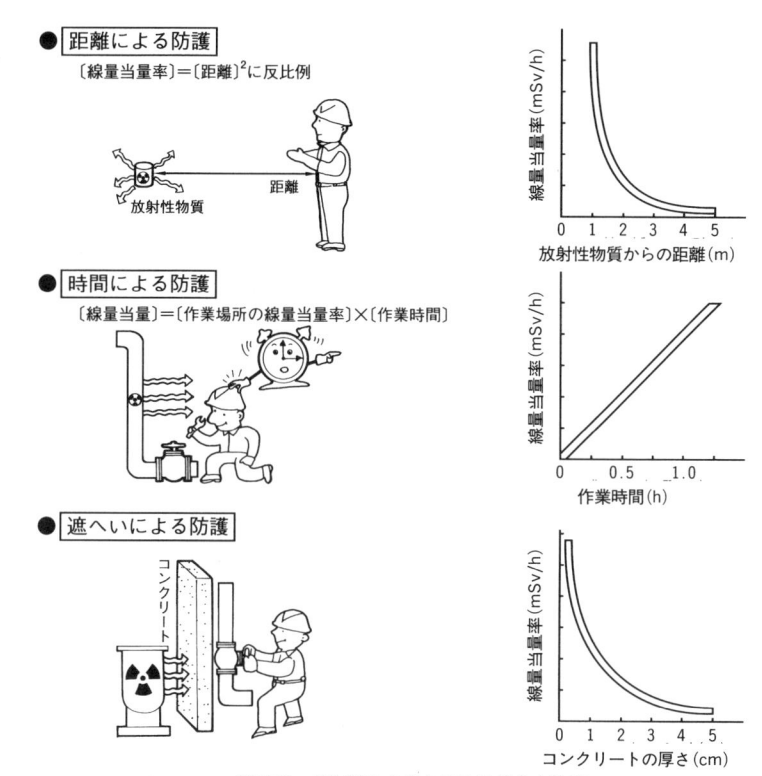

7　電磁波・電磁界(EMF)，放射線と私たちの身体

● 距離による防護
〔線量当量率〕＝〔距離〕^{2}に反比例

● 時間による防護
〔線量当量〕＝〔作業場所の線量当量率〕×〔作業時間〕

● 遮へいによる防護

図 7.12　放射線から身を守る具体的方法[12]

たようにショウジョウバエやバクテリヤなどに関して得られたデータから推定したものであり，人間のデータではない．

したがって，これらの結果が人間にそのまま当てはまるかどうかという問題が残されているが，次の二つの理由によって，低線量の放射線に対する人体への影響に関しては，しきい線量がないと仮定し，厳密にはどんな少しの放射線を受けても何らかの影響があると仮定して，安全サイドに立って，放射線に対する防護を考えている．

① 遺伝子の構造と遺伝情報の伝達方式が，すべての生物に共通であり，人間もその例外ではないとする演繹的な証拠．

② 間接的ではあるが，前述の広島，長崎の両市の原爆被爆者の出生児の性比の変化が遺伝学の学説から期待される方向と一致していることである(出生児の性比には説明のつかない多くの変動があるので，これを確実な根拠とすることには反論もある)．

7.7 放射線の防護の考え方と線量限度

最後に図7.12に放射線から身を守る具体的方法を示す．

参考文献

1) 近藤宗平，"分子放射線生物学"，学会出版センター (1980)．
2) 放射線影響研究所 (日米共同研究機関)，要覧 p.30 (2008)．
3) 日本原子力文化振興財団，"放射線のはなし" (1990)．
4) 野口正安，"放射線のはなし"，日刊工業新聞社 (1987)．
5) 科学技術庁監修，"原子力ポケットブック 1998年版"，㈳日本原子力産業会議 (1999)．
7) 通商産業省編，"原子力発電便覧 98年版"，電力新報社 (1999)．
8) 市川龍資，"暮らしの放射線学"，電力新報社 (1988)．
9) 山口彦之，"放射線と人間のからだ―基礎放射線生物学―"，啓学出版 (1990)
10) Samuel Glasstone，"原子力ハンドブック ―基礎編―"，商工会館出版部 (1955)．
11) 放射線計測協会，"暮らしの中の放射線" (1994)．
12) 科学技術庁原子力局監修，"原子力ポケットブック 1998年版"，㈳日本原子力産業会議 (1999)．
13) 久保寺昭子，"身体のしくみと放射線"，ユキ出版 (1989)．
14) 山田武，大山ハルミ，"アポトーシスの科学"，講談社 (1994)．
15) 近藤俊介，"原子力の安全性"，同文書院 (1990)．
16) 服部禎男，"放射線ホルミシス現象"，日本原子力学会誌 (1955)．
17) 服部禎男，"放射線ホルミシス研究の成果と今後の進め方"，エネルギーレビュー (1954)．
18) 草間朋子，"放射線防護の Q&A"，医療科学社 (1996)．
19) 草間朋子，甲斐倫明，伴信彦，"放射線健康科学"，杏林書院 (1995)．
20) National Research Council, "Possible Health Effects of Exposure to Residential Electric and Magnetic Fields", The National Academy of Sciences (1996).
21) 電気通信技術審議会答申，電波防護指針 (1990)．
22) 電気通信技術審議会，生体電磁環境委員会報告概要 (1997)．
23) 電磁界影響調査検討会，電磁界影響に関する調査・検討 (1993)．
24) 電力設備環境影響調査検討委員会，電力設備環境影響調査 (1994〜1996) 成果概要，通産省資源エネルギー庁公益事業部技術課 (1997)．
25) 大朏博善，電磁波白書，ワック出版 (1997)．
26) 犬飼英吉，"エネルギーと地球環境"，丸善 (1997)．
27) 近藤宗平，"人は放射線になぜ弱いか"，p.207, 講談社 (1997)．
28) 低線量放射線影響に関する公開シンポジウム「放射線と健康」予稿集 (1999)．
29) 電気学会電磁界生体影響問題調査特別委員会，"身の周りの電磁界と人の健康への影響"，電気学会 (1990)．
30) 電気学会電磁界生体影響問題調査特別委員会，"電磁界の生体影響に関する現状評価と今後の課題"，電気学会 (1990)．
31) H. Tanooka, Biological Effects of low Doses of Radiation, "Fundamentals for the Assessment of Risks from Environmental Radiation", pp. 471-478, Kluwer Academic Publishers (1999).
32) Mitsuru Yasui, Takehiko Kikuchi, Masahiro Ogawa, Yoshhisa Otaka, Minoura Tsuchitani, Hiroshi Iwata, "Carcinogenity Test of 50 Hz Sinusoidal Magnetic Field in Rats",

Bioelectromagnetics 18, pp. 531-540 (1997).
33) 武部啓, 志賀健, 加藤正道, 正田英介編, "電磁界の健康影響", 文光堂 (1999).

図表の出所

1) 日本原子力文化振興財団,「原子力」図面集, p.126, 原子力文化振興財団 (1999).
2) 電力中央研究所, "電磁界 (EMF) の健康影響に関する研究の概要", p.2, 1, 電力中央研究所 (1996).
3) 東京電力㈱, "商用周波磁界の安全性について", p.3, 東京電力電力技術研究所. 詳細は文献 32), 33) 参照.
4) 3) の p.3
5) 1) の p.127.
6) 野口正安, "放射線のはなし", p, 161, 日刊工業新聞社 (1987).
7) 山口彦之, "放射線と人間のからだ─基礎放射線生物学─", p.119, 啓学出版 (1990).
8) 1) の p.133.
9) 田ノ岡宏,「放射線と健康」低線量放射線影響に関する公開シンポジウム予稿集, p.5. 詳細は文献 31) 参照.
10) 通産省編, "原子力発電便覧 (93 年版)", p.247, 電力新報社 (1992), 説明文一部追記.
11) 10) の p.250.
12) 1) の p.124.

8　生命はどのように地球上に誕生し, 進化したか？

　西オーストラリアのピルバラ地方で，約35億年前のシアノバクテリア（ストロマトライトはシアノバクテリアの集落）の化石が発見された．現在，この化石が世界最古の，生物の形をとどめた生命化石とされている．この化石から生命は今からおよそ35億年前，すでに地球上に誕生していたことが証明されている．ちなみに，人類が登場したのはわずか500万年くらい前といわれている．

　地球上の生物は，人間から微生物に至るまで，すべて類似の細胞構造を持ち，細胞は共通の物質からできている．すなわち，タンパク質などの生体高分子化合物と各種有機化合物，水，およびわずかな無機物である．特に生体高分子化合物は，生命が生物としての営みを行っていく上できわめて重要な役割を持っているが，地球の初期には存在しなかった．このような分子は，無機的化合物から簡単な有機化合物ができ，複雑な高分子化合物へと，段階を経て誕生したと考えられている．しかし，物質の単なる集合が生命に進化したプロセスは今なお謎である．

　地球上のほとんどすべての生命が，細胞構造，構成物質，さらには生命の遺伝情報の伝達方式が同じであることは，これらの生命が，同一起源であって，その後の進化の過程で分化していったことを示唆している．

　また，生命は長い進化の過程を経て，多くの生物に分化し，これら生物と地球環境とが相互に影響しながら今日の地球環境をつくってきたといえる．

8.1　生命の起源

　生命の起源に関する研究としては，ミラー（S.L. Miller）の実験，1957年にモスクワで開かれた国際生化学会でオパーリン（A.I. Oparin）が発表した生命の起源についての学説，1967年バーナル（J.D. Bernal）が出版した「生命の起源」が知られている．

8.1 生命の起源

図8.1 ミラーの実験装置[1]

図8.2 コアセルベイトの形成[2]

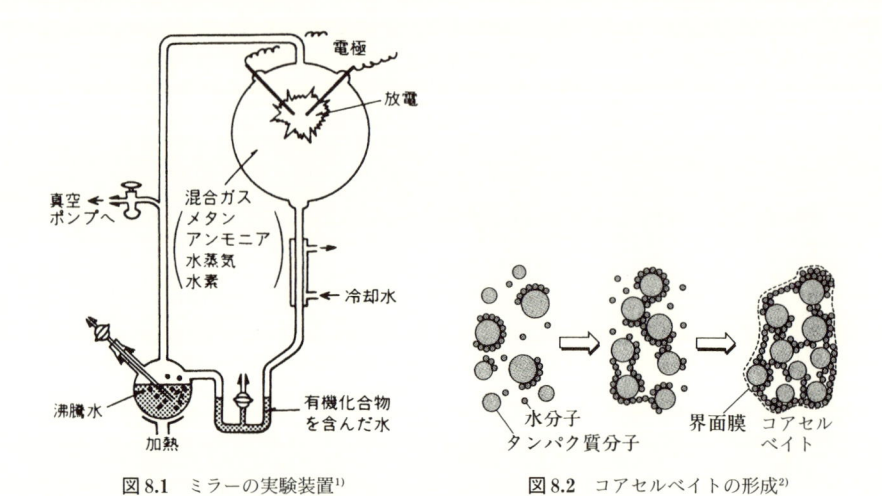

(1) ミラーの実験——原始大気から有機化合物が生成された

1953年アメリカのミラーは，地球生成期の大気（原始大気）を想定した水素，メタン，アンモニアの混合気体に水蒸気を通して循環させ，火花放電にさらす実験を1週間繰り返したところ，シアン酸，ホルムアルデヒドなどの簡単な有機化合物と，それらの反応で得られたと思われるアミノ酸を合成することに成功した(図8.1)．

つまり，この実験は，原始地球上で大気中に雷放電が起こると，簡単な有機化合物や各種のアミノ酸などの生体高分子化合物の原料となる物質ができることを実験的に証明したことに大きな意義がある．

(2) オパーリンの生命の起源説

——海水中で高分子化合物が生成され，生命が誕生した

ソ連のオパーリンは，原始海洋中に蓄積した高分子化合物がコロイドをつくり，さらにコロイド粒子（原子あるいは分子より大きい光学顕微鏡では見えないくらいの粒子）が集まって，コアセルベイト[*1]という液滴をつくり，液滴の外側からまわりの有機物を取り込み，成長し，融合・消滅を繰り返すうちに，次第に複雑化し，やがて原始生物に進化したという説を発表した（コアセルベイト説とも呼ばれている．図8.2）．

ミラーの実験，オパーリンの生命の起源説により，地球上の生命が，原始大気の成分を素材として，種々の段階の化学反応を経て，海中に誕生したという大まかな道筋が示されたという点でその意義は大きい．

---

*1 海水中でタンパク質のような高分子化合物が生成されると，これらは水に溶けにくいので，分子同士互いに凝集して分子集合体をつくり，小さな液滴となる．これをオパーリンはコアセルベイトと呼んだ．

8.2 生命の起源に関する近年の研究

(1) 生命誕生のプロセス

原始地球にマグマオーシャン (2.2(1)参照) ができる前の原始大気の成分は，ミラーが想像したようなメタン，アンモニア，水素，および水蒸気から成るいずれも水素と化合した大気（これを還元型大気と呼ぶ）であったと考えられていた．しかし，原始地球がマグマオーシャンに覆われような時代になると，原始大気は，水蒸気，一酸化炭素，窒素および水素から成り，その後，水蒸気は，太陽の強い紫外線により，水素と酸素に光分解し，この酸素により一酸化炭素が次第に酸化され，二酸化炭素となった．一方，水素は軽いので，宇宙空間に逃げてなくなった．このようにマグマオーシャンに覆われていた頃の原始大気は，水蒸気，一酸化炭素，および窒素であった（これを酸化型大気と呼ぶ）とする説が有力になってきた．酸化型大気であったとすると，ミラーの実験のように紫外線，放電によって有機化合物をつくることは難しい．

三菱化成生命研究所の研究グループは，このような酸化型大気に陽子（宇宙線の主成分）を照射すると，あらゆるタイプのアミノ酸ができることを発見した．さらに，海水中の実験によって，生命の母体となる分子集合体（マリニュールと名付けた）ができることを確かめた．つまり，この時代には，大気中でも海中でも生命の母体となるタンパク質の原料であるアミノ酸が生成される環境にあったことを実証した．

この研究結果は，1969年オーストラリアに落下したマーチソンいん石の中からアミノ酸をはじめ生命をつくる有機物が発見され，このような化学反応が地球生成期の宇宙で起こっていたことが確認され裏付けられた．

地球が誕生してから約1億年後，地球を覆っていた水蒸気が雨となって地上に降り，地球には海ができた．原始の海は，原始大気と宇宙線，紫外線，落雷などにより生成された分子構造の簡単な有機化合物であるシアン化水素，青酸カリなどが生成されて，有機物のスープとなっていたと考えられる．

海中に生成した分子集合体は，泡のように膜で覆われており，ちょうど化学反応を起こさせる小部屋となる．この膜の中に原始大気から生成された有機化合物であるシアン化水素，青酸カリなどが取り込まれ，濃縮された．この頃の地球は大きな干満の差があったので，それがちょうど実験室で試験管を振るようなかたちとなり，膜の中は，かくはんされ，その中で種々の化学反応が起こり，生命の遺伝子となる核酸DNAが，偶然生成されたと考えられる．最初の生命の構造は，遺伝子DNAが膜に包まれた

8.2 生命の起源に関する近年の研究

表 8.1 人体と地球環境の主要元素

存在量順位	1	2	3	4	5	6	7	8	9	10	11
人　　体	H	O	C	N	Na	Ca	P	S	K	Cl	Mg
海　　水	H	O	Na	Cl	Mg	S	K	Ca	C	N	
地球表面	O	Si	H	Al	Na	Ca	Fe	Mg	K	Ti	
大　　気	N	O	Ar	C	H	Ne	Kr	He	Xe	S	

単純な構造のものであり,このような生命が,さらに外から有機化合物を取り込み,成長し,分裂・増殖していったと考えられている.しかし,この単なる物質の集合から分裂・増殖をする生命に飛躍するプロセスは,まだ解明されていない.

(2) **生命誕生の場所**

海が誕生した頃の地球は,太陽からの紫外線,宇宙線が強過ぎて,生物は生存できなかった.そこで今からおよそ35億年前,有害な紫外線,宇宙線がしゃへいされる海水中に生命が誕生した.このことは,生物体を構成する主要元素と,生物をとりまく海水,地球表面,大気などの環境の主要元素を比較すると分かる.例えば,人間をつくっている主要元素である水素,酸素,炭素,窒素は宇宙に存在する主要元素と一致し,そのほかわずかに含まれる元素の分布は,海水中に含まれる微量元素に似かよっている(表8.1).また人間の血液,羊水の組成は,Mgイオン濃度が高いが,これは自然界では海水に特異的に見られる.生物は,本来それが住む環境に多量に存在する元素を取り込み,誕生していることから,生物の故郷は海と考えられている.

1979年,アメリカの潜水調査船アルビン号は,その4年前,海底火山が噴火したメキシコの西沖800 kmの東太平洋の深海を調査中,水深2600 mの海嶺付近で,摂氏350°Cもある熱水噴出孔の周囲に生息しているシロウリガイ,ハオリムシ,カニ,クモに似た生物などの深海生物を発見した.熱水噴出孔の周りには,メタンや硫化水素などの還元ガスや,鉄,銅,マンガンといった金属イオンが多く含まれていた.また,噴出孔から出てきた熱水を採取し持ち帰り,培養したところ,その中に,原始的なバクテリアを見つけた.このバクテリアは,熱水中の硫化水素を吸収し,高温高圧の体内で酸化反応を起こさせて,そのエネルギーを利用して有機物をつくり自分の身体をつくり直している化学合成[*2]バクテリアであることが分かった.

その後,日本海溝,琉球海溝などで発見された海底熱水噴出孔の周囲でも,ほとん

[*2] 生物は外から色々な物質を取り込み,これを自分自身の体成分につくりかえている.これを炭酸同化作用という.炭酸同化作用には,光のエネルギーを利用した光合成がよく知られているが,化学反応により発生する化学エネルギーを利用する化学合成もある.

ど例外なく，シロウリガイなどの大規模な生物群集が発見された．太陽光線の届かない，光合成によるエネルギー生産が不可能な条件下で，かつ餌となる有機物ははるか上の海面付近から降ってくる（雪のように降ってくるのでマリンスノーと呼ばれる）わずかな量だけである．多くの生物学者は，このような環境下で，大規模な深海生物群が生息していることに疑問を持った．このような疑問に対して，その後の研究により次のようなことが分かった．

　シロウリガイは，体内に硫化水素酸化型の化学合成バクテリアを共生させており，このバクテリアは化学合成によりエネルギーを生み出す．このエネルギーを利用して，シロウリガイはまわりからいろいろな物質を取り込み，これを自分自身の体につくりかえている．

　原始地球の海底は，溶岩が冷え，硫化水素の黒い煙を噴き出す煙突状の熱水噴出孔が多く存在したと考えられている．このような熱水噴出孔は，近年，活発に行われた深海観測の結果でも，中央海嶺や日本海溝のようなプレートの沈み込み帯の陸側などで見つかっている．

　従来，生命は光合成による炭酸同化作用により生命を維持しているとの前提から，生命誕生の場所は，太陽光の届く浅い海中と考えられていたが，近年の海洋調査の結果から，生命は原始地球の海底で，硫化水素をエネルギー源として生きるバクテリアとして誕生したのではないかと考えられている．

8.3　生命を構成している物質と構造

　地球上の生物は，前述のごとく人間から微生物に至るまで，すべて類似の細胞構造を持ち，核酸，タンパク質，デンプン，脂質などの生体高分子化合物と各種有機化合物，水，およびわずかな無機塩酸という共通の物質からできている．

(1)　核　酸

　核酸は長いらせん階段状に分子が鎖状につながった構造の高分子であり，ミーシャー (F. Miesher, 1844〜1895) によってリンパ細胞中に存在することが発見された．核酸には，DNA（デオキシリボ核酸）とRNA（リボ核酸）の2種類が存在する．現在ではレーザー共焦点顕微鏡，電子顕微鏡などで見ることができる．高等生物では，核酸（デオキシリボ核酸，DNA）は，細胞分裂のとき細胞核の染色体に局在し，リボ核酸（RNA）は細胞全体に分布している．

　核酸は，図8.3に示すようにリン酸(P)，糖(D)，塩基(アデニン：A，チミン：T，

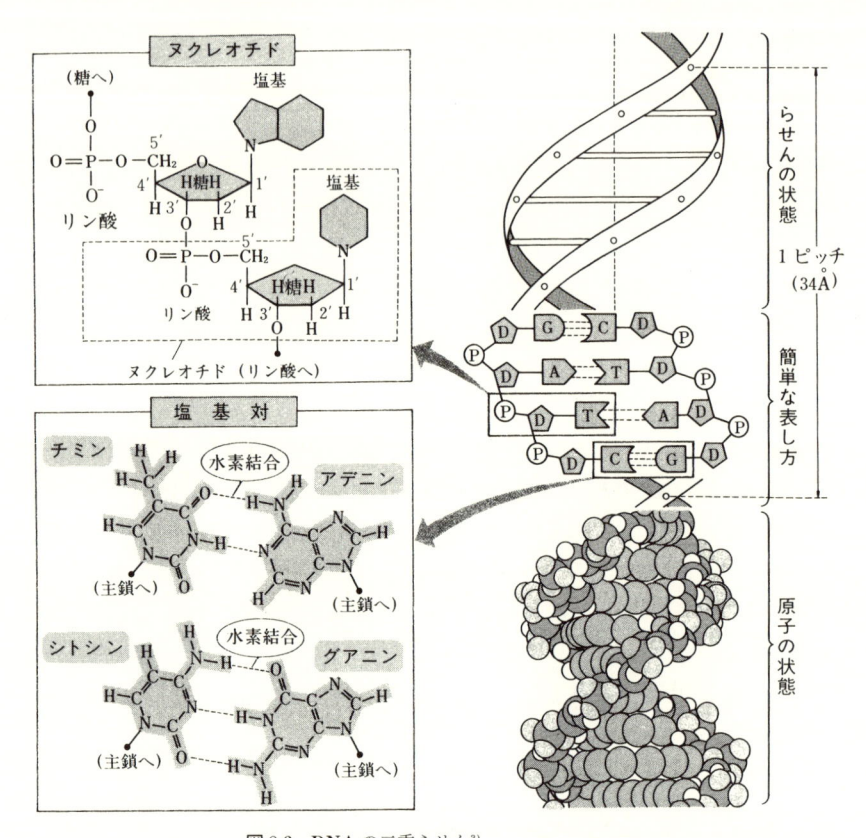

図8.3　DNAの二重らせん[3]

グアニン：G，シトシン：C）が結合したもの（ヌクレチオドと呼ぶ）が基本構成単位となって構成されている。この単位ヌクレオチドがリン酸と糖のところで互いに鎖状につながっており，これが2本ある．さらに，この2本の鎖は，単位ヌクレチオドの塩基の部分で結ばれ，らせん状に巻いている．このような構造を二重らせん構造という．

　この構造は，ちょうど，らせん階段に似ている．つまり，手すりに相当する部分がヌクレチオドの鎖状につながった部分であり，ステップに相当する部分が塩基同士結合した部分である．塩基には，A（アデニン），T（チミン），G（グアニン），C（シトシン）の4種類あるが，AはT，GはCとしか結合しないので，2種類のステップしか存在しないことになる．このステップの配列の順序を利用して，遺伝情報が書き込まれているのである．

このような DNA の構造を明らかにしたのはアメリカの物理学者ジェームス・ワトソンと，イギリスの生物学者のフランシス・クリックの共同研究のよるものであり，この発見により，DNA の複製の仕組みや遺伝情報が親から子へ伝達する仕組みなどが理解できるようになった．この2人は，この研究業績により 1962 年ノーベル医学生理学賞を受賞した．

その後，この分子生物学は目ざましい進歩を遂げ，DNA に遺伝情報が組み込まれており，これを子孫に伝えること（＝遺伝子の複製），および遺伝情報の転写，翻訳によって同じタンパク質をつくること（＝自己複製，遺伝情報の発現）のシステムを持つことが分かり，新陳代謝，成長，増殖などの生命活動の機構が解明されるに至った．

(2) タンパク質

われわれの身体は水と脂肪を除けば，ほとんどタンパク質からできている．タンパク質には，筋肉をつくっているものから，酵素，ホルモン，抗体などがあり，これらがバランスよく働き生命現象を維持している．

タンパク質は，炭素，水素，酸素，窒素を必ず含み，20 種類のアミノ酸がペプチド結合と呼ぶ結合で多数つながった巨大な分子で，複雑な立体構造をしている．タンパク質の種類は，アミノ酸の配列順序によって決まり，また，この配列順序は，DNA 分子中の4種類の塩基の配列順序に対応している（図 8.4）．

8.4 生命の遺伝情報とその伝達方式

(1) 遺伝情報

遺伝情報は，DNA の中にアデニン，チミン，グアニン，シトシンの4種類の塩基の配列の順序により書き込まれている．つまり，つくられるべきタンパク質の設計図が，4種類の暗号を用いて DNA の中に書き込まれているのである．この遺伝情報に基づいて，アミノ酸の配列順序が決まり，種々のタンパク質が合成されている．

生物の遺伝情報は，情報量に大きな差はあるものの，人間から昆虫，ウィルスに至るまで，すべて DNA に ATGC の暗号で書かれており，例外は発見されていない．

(2) 遺伝情報の伝達方式

体細胞が分裂増殖するとき，染色体が2分する，このとき，染色体に存在する DNA は塩基で結ばれている部分でファスナーを開くように，たやすく2本のヌクレチオドの鎖に分かれる．DNA の塩基の結合は水素結合 (5.1(2)参照) であり，わずかなエネルギーで切れる（図 8.5）．この1本の鎖を鋳型として，新しく mRNA（メッセンジャ

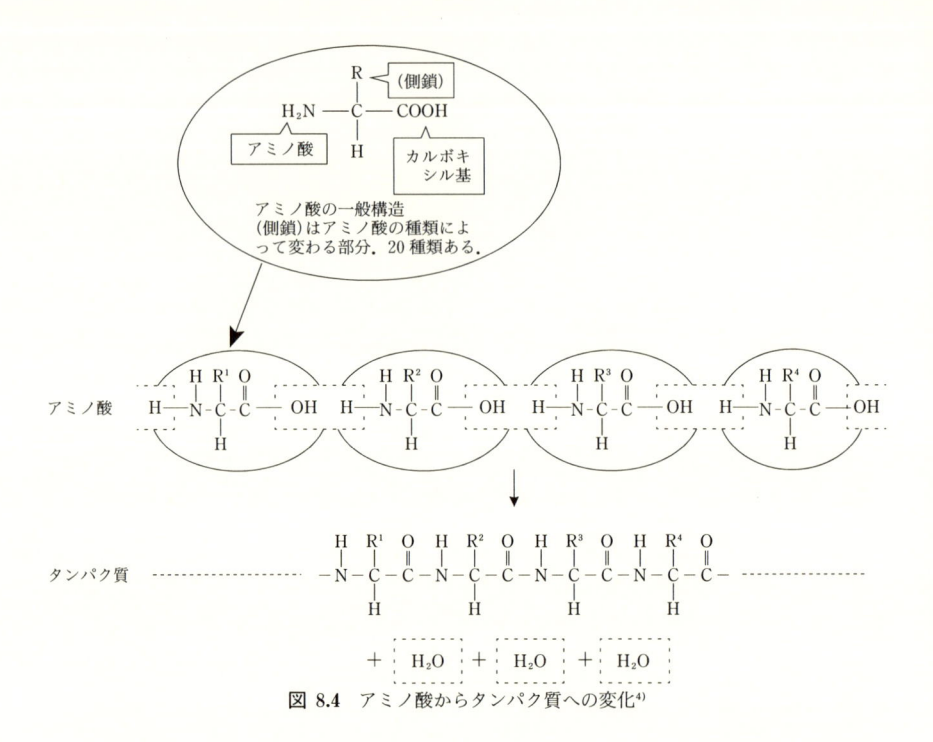

154   8.4 生命の遺伝情報とその伝達方式

図 8.4 アミノ酸からタンパク質への変化[4]

ー・リボ核酸，情報の転写の役割を担う）が合成され，DNA の遺伝情報を写し取り，それが鋳型となって，A は T, G は C の結合則に従って新しい DNA 鎖が複製されて，遺伝情報が伝わる．この遺伝情報は tRNA（トランスファー・リボ核酸，情報の翻訳の役割を担う）によって翻訳され，遺伝情報に基づくタンパク質が合成され，細胞が増殖する（図 8.6〜8.7）．このような自己複製作用は，細胞の新陳代謝，成長，増殖などの生体活動そのものである．DNA は遺伝子情報を担う特異な情報高分子といえる．

mRNA は，あらかじめ存在しているのではなく，DNA 鎖を鋳型として合成された核酸であり，DNA のチミンの代わりをウラシル（U）がするが，基本構造は DNA とまったく同じである．

このように DNA に遺伝情報を乗せて世代を継いでゆく方式は，地球上のほとんどすべての生物に見られる．

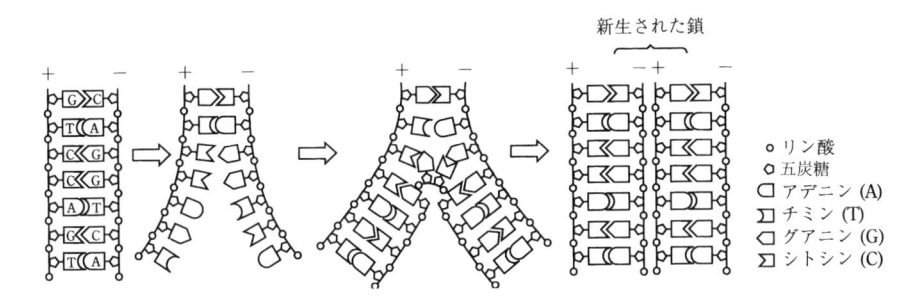

図 8.5　DNA の複製，分子間の結合のしくみ[5]

8.5　地球環境の変化と生物の進化

地球上の植物，動物，微生物のほとんどすべての生命の構成物質，構造様式，さらには生命の遺伝情報の伝達方式がほとんど同じであることは，これらの生命が，同一起源であって，その後の進化の過程で分化していったことを示唆している．

生命は最初，地球環境に適応した形で誕生した後，その長い進化の過程で，生物が地球環境をつくり変え，また環境が生物を進化させてきた．つまり，生物と環境が相互に影響しながら今日の地球環境をつくってきたといえる．生命の誕生からその歴史を遡ってみたい（末尾の付表参照）．

(1)　最初の生物の存亡の危機

まず，地球上の最初に深海底の熱水噴出口付近で生まれた原始生物は，原始的な核を持つ単細胞生物（これを原核生物といい，核膜に囲まれた明瞭な核を持たず核質が細胞内に分散している）であったと考えられている．これらが海水中の有機化合物を栄養源としてどんどん増殖し，その結果，海水中の有機化合物を消費し尽くし，絶滅の危機に直面した．

これらの生物は，酸素を嫌い，自ら無機化合物から有機化合物をつくりだす能力を持たない．これらを嫌気性従属栄養生物という．

(2)　光合成能力を持つ生物の登場と地球環境の酸化

大陸の出現により，カルシウム，ナトリウム，鉄が海に溶け出し，カルシウムは海水中に溶け込んでいた二酸化炭素と反応して炭酸カルシウムとして海底に固定された．この結果，大気中の二酸化炭素の海への吸収が進み，大気中の濃度が低下し，温室効果を弱めて，太陽光が海に射し込み，地球環境は大きく変化する．そして，海水

156   8.5 地球環境の変化と生物の進化

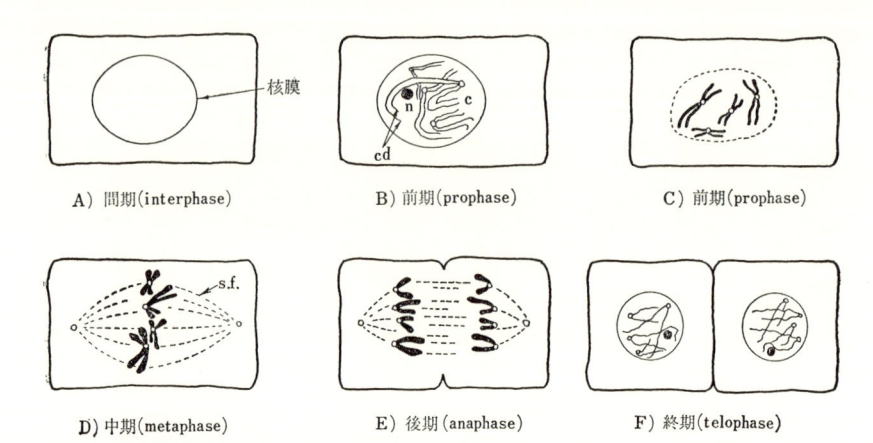

A) 間期(interphase)
B) 前期(prophase)
C) 前期(prophase)
D) 中期(metaphase)
E) 後期(anaphase)
F) 終期(telophase)

図 8.6 細胞分裂の模式図[6]
A)間期：細胞分裂が終わり，次の細胞分裂が始まるまでの間をいい，染色体は伸びていて，普通は見えないが，この時期に DNA の複製が行われる．B)C)前期：分裂前期になると，染色体は縮んで太くなり顕微鏡で見えるようになる．また，核膜が消えて，染色体は細胞質に解放され，核小体 n と動原体 c で結ばれた 2 本ずつ対をなす娘染色体 cd になる．D)中期：紡錘糸 sf が現れ，赤道面に並ぶ．E)後期：動原体が二分され，2 本の娘染色体は分かれて別々の極へ運ばれる．F)終期：新しい核膜が生じ，細胞仕切膜ができて，一つの細胞が二つになる．

中の二酸化炭素と水を利用し，酸素を廃棄物として出す，光合成バクテリアであるシアノバクテリア（34 億 6 千万年前の化石が発見されている）が登場する．約 27〜28 億年前になると，光合成を行うラン藻類が登場する．これら生物は酸素を嫌い，自ら無機化合物から有機化合物をつくりだす能力を持つ生物であり，これらを嫌気性独立栄養生物という．

この嫌気性独立栄養生物から排出される有機化合物を栄養源として，嫌気性従属栄養生物が絶滅の危機を免れ，両者の平衡状態が生まれる．

一方，シアノバクテリア，藻類が光合成により，廃棄物として酸素を排出し，海水中，大気中の酸素が増加した．これにより海に流れ込んでいた鉄は酸化沈殿して，取り除かれ，さらに，大気に放出された酸素により，地球表層のすべての物質は酸化された．

(3) 酸素中に生息できる真核生物の出現

酸素は有機化合物を酸化分解する性質を持ち，有機化合物からできている生物にとって，生命の危険にさらされる物質である．単細胞，鎖状細胞からできていた原核生物のバクテリアは，酸素の出現という大きな地球環境の変化の中で，生き残るために，二種類に分かれた．

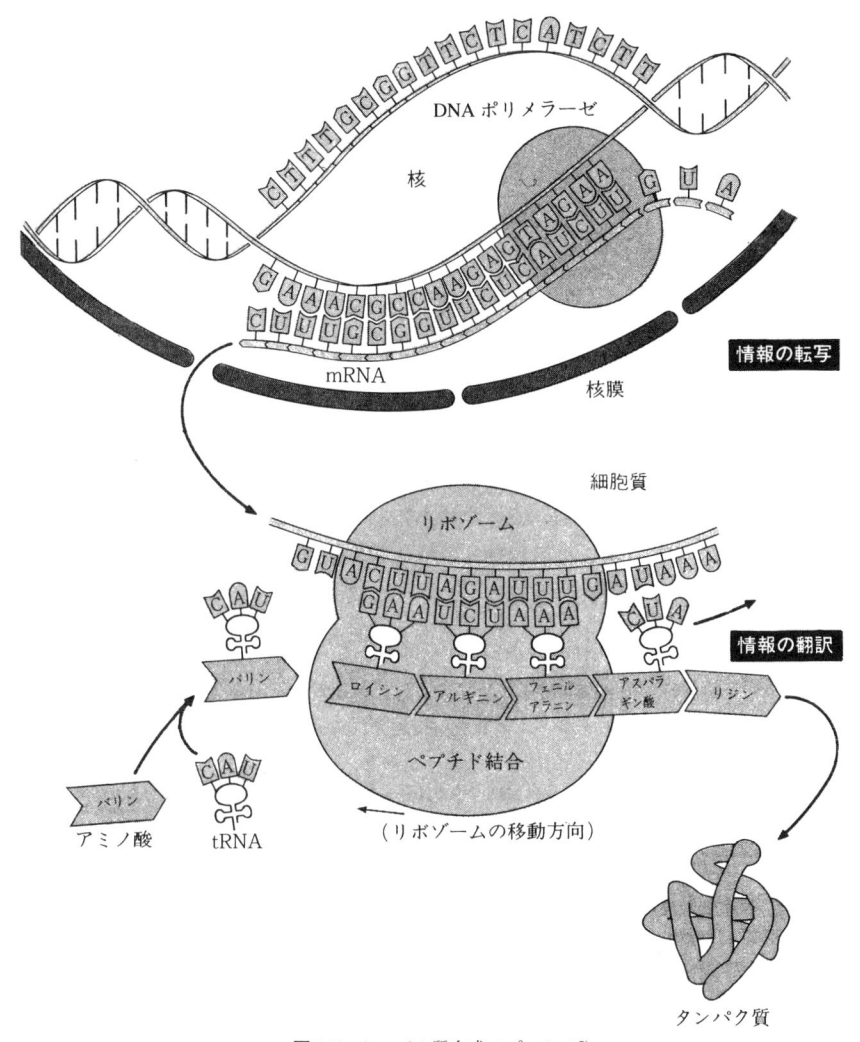

8 生命はどのように地球上に誕生し，進化したか？   157

図8.7 タンパク質合成のプロセス[7]

　一方は柔らかい粘膜で身を包み，酸素から離れた場所に生息し，やがて，仲間と相互に結びつき遺伝子 DNA というデータバンクを核として集まった．
　もう一方は固い殻に身を包み新しい環境に適応すべく立ち向かった．やがて，このバクテリアは，硫化水素より，効率よくエネルギーを取り出すことのできる酸素を利用するバクテリアに進化した．

8.5 地球環境の変化と生物の進化

21億年前,柔らかい膜で覆われたバクテリアの子孫は,酸素を利用するバクテリアをエネルギー生産工場(ミトコンドリア)として取り込み,共生し,遺伝子DNAの指令で働く新しい生命である真核生物に進化したと考えられている.真核生物は,遺伝子DNAを細胞の中にさらに核膜で包まれた核の中に入れて,酸化されにくいように安全なところに隔離し,細胞内での分業を進め,生命の恒常性を高めた.

細胞はミトコンドリアの酸素を利用してつくり出すエネルギーにより生命を維持し,ミトコンドリアは宿主細胞の廃棄物である有機酸を利用して生きるという共生共栄システムをつくり,新しい環境に適応したと考えられている.

◆ ミトコンドリアはバクテリアの中に共生しているバクテリア?

近年の微生物学の研究によれば,ミトコンドリアは細胞内の核外にあり,自分の遺伝子をDNAとして持ち,宿主細胞の分裂とは別の時期に単独に分裂し増殖する.しかも,そのDNAはバクテリアの遺伝子に酷似しており,宿主細胞の核の染色体DNAとは違うことから,ミトコンドリアは,異種のバクテリアの中に閉じ込められて共生しているバクテリアであると推論されている.

(4) 多細胞生物の登場とカンブリア紀の爆発

やがて約10億年前頃,酸素毒から身を守るスーパーオキサイド・ディスミュテース(SOD)やグルタチオンという酵素を持つ環境に適応した多細胞生物が登場した.これらの新しい生命は,酸素を利用することにより大型化が可能となり,この結果,多細胞化,複雑化し,植物,動物が出現した.

カナダの原生代中期(約12億5千万年〜9億5千万年前)の地層から,最古の真核多細胞生物の藻類化石が発見された.原生代末(約6億2千万年前)になると,エディアカラ生物群と呼ばれる生物が,暖かく浅い海の砂底に出現したが,約5億5千万年前に絶滅し,これに入れ代わり骨格を持った多細胞生物が出現した.

続いて,カンブリア紀(約5億4500万〜5億年前),海中で多種類の新しい型の生物が爆発的に増加し始めた.これをカンブリア紀の爆発と呼ぶ.生物が骨格を持ち化石として残りやすくなったため,この時代以降,地球史が明らかになっているので顕生代と呼ばれている.このころの化石として有名なのは三葉虫,奇妙な形のバージェス頁岩動物群の化石である.

約4億8千万年前,最初の脊椎動物である原始的な魚類が登場した.

(5) オゾン層の形成により生物は陸上に進出,大量絶滅と進化を繰り返す

光合成生物の登場により，大気中の酸素が増加し，地球上空に上がった酸素は太陽光の紫外線にあたり，オゾンになり，オゾン層ができる．オゾンはDNAを破壊する生物に有害な紫外線をよく吸収するので，これまで紫外線をしゃへいする水中にしか生息できなかった生物が地上でも生息できるようになった．

　こうして生物は，古生代シルル紀（4億4600万〜4億1600万年前）になって，陸上へ本格的に進出し始めた．陸上に進出した植物は，古生代デボン紀（4億1600万〜3億6700万年前）にシダ植物，コケ植物などが，続いて古生代石炭紀（3億6700万〜2億8900万年前）になってシダ種子植物が出現した．

　シダ植物が陸上に繁茂し，森が形成されると，脊椎動物の中から両生類が陸上に進出した．続いて，2億5000万年前，パンゲア大陸が存在していた頃，哺乳類に似た哺乳類型爬虫類が登場したが，約2億4500万年前，異常な火山活動が起こり，哺乳類型爬虫類をはじめ多くの生物が大量絶滅し，海底は生物の遺がいで埋め尽くされた．この大量絶滅は，化石に遺された中で最大のものである．

　この大量絶滅の原因は，このころの地層は酸欠状態を示すことから，毒性の強い火山ガスと火山灰が大量に放出され，地球規模で長期間，強い酸性雨が降り，火山灰により太陽光が遮られ，地球の寒冷化が進むと同時に植物の光合成が抑えられ，酸素が減少した結果によるものと考えられている．

　中生代三畳紀（2億4700万〜2億1200万年前）の後半には，陸生の爬虫類の恐竜が現れ，その後，1億6000万年の長きにわたって繁栄した．しかし，中生代白亜期末（約6500万年前），恐竜はこつ然と姿を消した．

　恐竜絶滅の原因は，巨大いん石が地球に衝突し，地球環境を激変させたとする巨大いん石衝突説が有力である．1980年，カリフォルニア大学ルイス・アルバレス教授が約6500万年前の地層中にイリジウムの濃度が上下の地層と比較して数十〜100倍も多いことを発見した．イリジウムは地球の生成期に地球の核の中に取り込まれ，地殻中にはあまり存在しないので，いん石により地球に運ばれたのではないかと推定し，巨大いん石衝突説を提唱した．その後1991年，中央アメリカのユカタン半島の地下の約6500万年前の地層に巨大なクレーターが発見され，この説が裏付けられた．

　恐竜の絶滅後は，哺乳類が繁栄する新生代に入った．最近の遺伝学的研究によれば，人類の祖先は，約500万年前にチンパンジーとの共通祖先から分かれたとされている（新生代第三紀の後半，約440万年前の猿人の化石が発掘されている）．その後，人類は，原人・旧人・新人へと進化したとされている．いずれにしても，地球上にわが物顔に君臨している人類は，哺乳類としては一番最後に地球上に現れた動物である．

160   8.6 生物の出現と地球の物質循環システム

　最近の地球科学の進歩に伴って，生物は6億年間に5回の大量絶滅を迎え，突発的な大きな変化が認められるようになった．このことから生物の進化は自然淘汰によりゆっくりと連続的に変化したのではなく，漸進的進化の時代と突然的進化の時期の組み合わせであり，「大量絶滅のあとには，新たな進化が始まる」という繰り返しであったと推定されている．

8.6　生物の出現と地球の物質循環システム

　地球上に多種多様な生物が誕生後，地球は，長い歴史を経て，地球環境と生物が，食物連鎖などさまざまな形態で相互に関連し合う見事な物質の循環システムをつくり上げた．その結果，物質の平衡が保たれ，地球環境が維持されてきた．
　生態系における物質循環システムでは，炭素，窒素，カルシウム，リン，および水の循環などが生態系の維持に特に重要であるが，この中で最大規模で地球温暖化とも関連している炭素循環と，地球上にわずかな量しか存在しないが，大気中の酸素量の調節と関係があるのではないかと，最近注目されているリンの循環について述べる．

(1)　炭素循環システム（図8.8）

　例えば，炭素には，次のような循環ルートがある．

　① 大気中の二酸化炭素は草木，藻などの植物に吸収され，水と共に光合成によって自らの体を構成する生体有機化合物を合成する．動物はこの植物を食料として摂取し，その有機物を用いて，自らの生体有機化合物に作り直している．動物の排泄物や遺がいは土壌に吸収されたり，微生物により分解されて大気中に二酸化炭素として放出される．これらの元素は再び植物から取り込まれ，炭素は地球の表層を循環している．

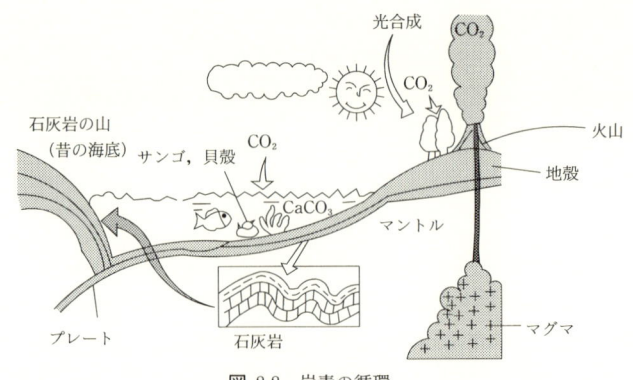

図 8.8　炭素の循環

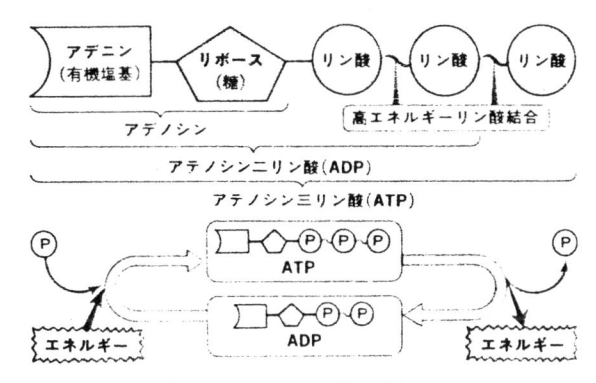

8 生命はどのように地球上に誕生し，進化したか？

図 8.9 ATP の構造と ADP，ATP 間の反応[8)]
ATP はアデノシン三リン酸の略で，アデニンにリボーズ(糖)が結びついたアデノシンに無機リン酸の 3 分子がついたものである．ADP は無機リン酸が 2 分子ついたもので，アデノシン二リン酸の略である．
ATP のリン酸同士の結合が切れて ADP とリン酸に分解するとき，大きなエネルギーを発生する．逆に，光エネルギーにより ADP とリン酸から ATP が合成される．このような反応も光合成と呼ばれる．ATP は生体内のエネルギー代謝では ATP がエネルギーの仲介役をしており，ATP は全生物に共通なエネルギー合成物質である．

② 海洋には，大気中に存在する二酸化炭素の 50 数倍もの二酸化炭素が炭酸という形で溶けており，これが陸地から流れ出したカルシウムと化学反応し炭酸カルシウムとなり，海底に沈殿したり，サンゴの骨格，貝殻の形で固定される．これらは石灰岩として海底に堆積し，やがてプレートが沈み込むときにはぎ取られて大陸に付加され，億年万年かけて陸地に現れる．これが雨水により溶出し，河川を通じて海に流れ込み，再び海洋に吸収される．一方，プレートとともに大陸の下に沈み込んだものは，高圧高温のために分解して，二酸化炭素となって火山活動によって大気に放出され，やがて海水に吸収される．このようにして炭素が，海洋，地球内部を循環している．

(2) リンの循環システム

リンは，光合成，エネルギー，ATP，遺伝子 DNA，骨のすべてに関係する生命活動に重要な物質であり，リン酸カルシウムとして動物体内に多く含まれている．

動物に含まれているリンは，その排泄物，死がいが分解されることにより，河川の水に溶けて海に流れ込むので，海水中にはリン酸塩が 1 m³ 当り約 210 mg 溶けている．リンは植物プランクトンの光合成に不可欠の物質であり，ADP とリン酸から光合成により ATP をつくる．深海に降るマリンスノーは，植物プランクトンを食べた動物

プランクトンの糞（アミノ酸，ブドウ糖など）と死骸などがくっついた有機物の塊である．これが深海底に積もり，深海生物の餌となり，リンや窒素などに分解される．これらは自然のしくみと動物の食物連鎖により，海の上層，陸地に戻されている．

例えば，南米のペルー沖太平洋では，海底に堆積したリン，窒素の化合物が湧昇流により海洋表層に浮かび上がり，これを植物プランクトンが光合成により有機物に変え，それを動物プランクトンが食べ，それをカタクチイワシが食べ，これを海鳥が補食してサンゴ礁に糞をする，この糞の成分とサンゴ礁が結合，風化してリン鉱石（グアノ）となり，肥料として広く使用されている．このほか，サケが産卵のため海から川を遡上し，使命を全うした後，上流で大量死するが，それらの死がいには多くのリンが含まれている．このような自然の営みにより，深海のリンが陸地に運ばれているのである．

参 考 文 献

1) 丸山茂徳，磯崎行雄，"生命と地球の歴史"，岩波書店 (1998)．
2) 近藤宗平，"分子放射線生物学"，学会出版センター(1980)．
3) 東京大学公開講座，"地球"，東京大学出版会 (1997)．
4) 茅陽一編，"地球環境データブック"，オーム社，(1993)．
5) NHK, VTR "生命—40億年はるかな旅（第1集）—"．
6) 蒲生俊敬，"海洋の科学"，日本放送出版協会 (1996)．
7) 藤岡換太郎，"深海底の科学"，日本放送出版協会 (1997)．
8) 和田武，"地球環境論"，創元社 (1993)．
9) 新田義孝，"地球環境論"，培風館 (1997)．
10) 浜野洋三，"地球のしくみ"日本実業出版社 (1995)．
11) 松井孝典，"地球・46億年の孤独"徳間書店 (1994)．
12) 東京大学海洋研究所編，"海洋のしくみ"，日本実業出版社 (1997)．
13) 竹内均，Newton, 4月号 (1997)；3月号 (1998)．
14) L. マルグリス，D. セーガン著，田宮信雄訳 "ミクロコスモス"，東京化学同人 (1995)．

図 表 の 出 所

1) 和田武，"地球環境論"，p. 6，創元社 (1993)．
2) 市村俊英，根本和成，"詳解生物"，p. 49，旺文社．
3) 2)の p. 72．
4) 1)の p. 10 を参考にした．
5) 2)の p. 74．
6) 近藤宗平，"分子放射線生物学"，p. 34，学会出版センター(1980)．
7) 2)の p. 81 を一部変更．
8) 小林弘，"新生物"，P, 83，数研出版 (1996)．

9 環境ホルモンとは
―― 環境ホルモンは猛毒か？――

　最近マスコミで話題になっている環境ホルモンとは，生物の子孫を殖やし，種を存続させることに大きく関わっている性ホルモンの内分泌系を撹乱（かくらん）するホルモン疑似物質を指していい，正確には内分泌系撹乱物質という（以下本書では環境ホルモンということにする）．ゴミ処理場の排煙にごく微量含まれていて問題になっているダイオキシンはその一種である．

　農業，一般家庭で使用されていた殺虫剤のDDT（すでに1981年使用禁止），絶縁油に使用されていたPCB（すでに1972年使用禁止）やダイオキシンなどは，もともと地球環境には存在しない，人間がつくった合成化学物質である．これらは，化学的に安定しており，自然界で分解しにくいという共通した性質を持っている．人間がこれらを色々な分野で使用した結果，地球環境に蓄積し，性ホルモンに似た働きをして，野生動物，貝などの海生物の性ホルモンの内分泌系を撹乱し，雄が雌化するなどの異変が起きている．

　今までに，環境ホルモンが原因で野生動物の生殖異変が起きたのではないかと疑われている事例は多いが，その原因物質が特定された例は，アメリカのフロリダ州のアポプカ湖のミシシッピワニのペニス矮小化，日本沿岸のイボニシの雌のインポセックスなど数件に過ぎない．しかし，野生動物に起こったことは，人間にも起らないことはないという考え方から人間に対する影響が心配されている．

　現在，環境ホルモンが原因の異変で人間にも疑わしいとされる事例がかなり報告されているが，その因果関係はまだ科学的に実証されていない．これから世界が協力して，地球規模の調査をしていこうという段階である．

表 9.1 ホルモンの

種類	内分泌腺		ホルモン	作用部位
	視床下部（間脳）		脳下垂体前葉ホルモン・中葉ホルモンの放出因子と抑制因子	脳下垂体前葉・中葉
タンパク質系	脳下垂体	前葉	成長ホルモン 甲状腺刺激ホルモン 副腎皮質刺激ホルモン 生殖腺刺激ホルモン｛ろ胞刺激ホルモン／黄体形成ホルモン｝ プロラクチン（黄体刺激ホルモン）	全体 甲状腺 副腎皮質 ｝卵巣と精巣 乳腺と黄体
		中葉	インテルメジン（色素胞刺激ホルモン）	黒色素胞
		後葉	オキシトシン（子宮収縮ホルモン） バソプレシン （抗利尿ホルモン，血圧上昇ホルモン）｝	子宮と乳腺 ｛毛細血管・毛細動脈／腎臓
	甲状腺		チロキシン	全体
	副甲状腺		パラトルモン	骨・腎臓
ステロイド系	副腎	髄質	アドレナリン	毛細動脈，肝臓・骨格筋
		皮質	糖質コルチコイド（コルチゾール） 鉱質コルチコイド（アルドステロン）	全体 全体，腎臓
	生殖腺	精巣	雄性ホルモン（テストステロン）	全体，生殖器
		卵巣	雌性ホ｛ろ胞ホルモン（発情ホルモン）／ルモン｛黄体ホルモン（プロゲステロン）	全体，生殖器，乳腺 子宮，乳腺
タンパク質系	すい臓ランゲルハンス島	β細胞	インスリン	全体・肝臓・骨格筋
		α細胞	グルカゴン	腎臓・骨格筋

9.1 環境ホルモンが問題となった経緯

そもそも環境ホルモン問題は，今から30数年前の1962年にジャーナリストのレイチェル・カーソンが合成殺虫剤が招く危険性と人間の思い上がりを警告した「沈黙の春」を出版したことに始まる．その後，1966年1月，内分泌系攪乱物質の専門家シーア・コルボーン，ジャーナリストのダイアン・ダマノスキ，環境問題に取り組む財団の代表ジョン・ピーターソン・マイヤーズの3人の共著による「奪われし未来」が出版された．彼らは，多くの専門家が調査研究した膨大な科学的データをもとに，環境にかなりの数のホルモン類似の人工化学物質が存在し，これらが生物のホルモン分泌系に影響を与え，生物の性発達障害や生殖能力の低下，あるいはがんの誘発を招いている旨を具体的にミステリー風に分かりやすく述べ，人類がその対策に早急に取り組む必要性を訴えた．巻頭には，地球環境問題に関心の強い元米国副大統領アル・ゴア

種類とその作用[1]

おもな作用
脳下垂体前葉ホルモン・中葉ホルモンの分泌を促進または抑制
タンパク質の代謝と血糖量の増加により骨・筋肉・内臓の成長促進
チロキシンの分泌を促進
糖質コルチコイドの分泌を促進
卵巣・精巣の成熟を促進
排卵の誘起,黄体の形成,生殖腺ホルモンの分泌促進
乳腺の成熟促進,黄体ホルモンの分泌促進(ネズミなど)
メラニン色素果粒の分散と沈着,メラニンの合成
子宮の収縮,乳汁の放出を促進
毛細血管・毛細動脈の収縮 ──→ 血圧上昇,腎臓での水分の再吸収を促進 ──→ 尿量減少
代謝促進,両性類の変態・鳥類の換羽を促進
骨中の Ca を血液中に放出 ──→ Ca^{2+} 濃度の増加,腎臓で P^{3+} の排出促進と Ca^{2+} の排出抑制
交換神経のはたらきを促進(心臓拍動・血圧),グリコーゲンの糖化 ──→ 血糖量増加
肝臓でのタンパク質分解と糖新生促進 ──→ 血糖量増加
腎細管での Na^- の再吸収と K^- の排出を促進,組織への水分吸収を促進
雄の第二次性徴の発現,筋肉の発達　　(アンドロゲンは同様の作用をもつ物質の総称)
雌の第二次性徴の発現,成熟,月経　　(エストロゲンは同様の作用をもつ物質の総称)
卵の着床,妊娠の維持,乳腺の成熟
糖消費を促進,グリコーゲンの分解抑制と合成促進 ──→ 血糖量低下
肝臓・骨格筋でのグリコーゲンの糖化 ──→ 血糖量増加

が序文を寄せている.

次いで,1997年,テレビプロデューサーのデボラ・キャドバリーによる「メス化する自然」が出版された.これらはいずれも日本語に翻訳されて出版されている.

このような出版物による警告により,ホルモン類似物質は,生殖と発育という生物の基本的な存続条件に影響を与える可能性のある,新たなタイプの公害物質として世界的に関心が高まり,1996～1997年にかけて,欧米で,国際機関が主導し,相次いで国際会議が開催され,早急な研究・情報収集の必要性および国際協力の推進について論議された.

日本においても,行政サイド,学会での取り組みが始まっているが,問題が広範囲の行政,学問分野に及ぶため,現在のような縦割り組織では対応が難しいので,環境行政での窓口の1本化,研究体制の総合化が求められており,最近では学問分野の枠を超えて環境ホルモンの研究を目指す日本内分泌撹乱化学物質学会が発足した.

表 9.2 人の主要なホルモンの作用および過不足により起こりうる疾患[2]

ホルモン名	部 位	主 な 作 用 (調整作用)	代表的な疾患 分泌過剰	分泌不足/レセプター異常
成長ホルモン	下垂体	成長の亢進	巨人症 末端肥大症	小人症
甲状腺ホルモン	甲状腺	代謝の亢進 知能・成長の調整	甲状腺機能亢進症 (バセドウ病)	甲状腺機能低下症
インスリン	すい臓	血糖の低下	低血糖症	高血圧症(糖尿病)
副腎皮質ホルモン	副 腎	代謝,免疫などの調整 ストレス反応	クッシング症候群	アジソン病
エストロゲン (女性ホルモン)	卵 巣	女性化(月経・乳腺) 卵子の発育,排卵	子宮内膜症 膣がん,乳がん 不正出血	女性器の発育異常 月経不順
アンドロゲン (男性ホルモン)	精 巣	男性化 精巣の発育,精子合成	二次性徴の早期出現	男性器の発育異常 無精子症 睾丸性女性化症候群

9.2 正常なホルモンの働き

環境ホルモンについて述べる前に,最初に正常なホルモンの種類,作用の概略を知っておく必要がある.

(1) ホルモンの種類とその作用

ホルモンは1902年にイギリスのベーリスとスターリングによって発見され,その後,表9.1に示すような,さまざまな種類のホルモンが発見されている.

脊椎動物のホルモンの化学構造は,成分によってタンパク質系ホルモン(タンパク質,ポリペプチド,アミノ酸)と,ステロイド系のホルモンの2種類に分けられる.

ステロイド系ホルモンの中に生殖線から分泌される性ホルモンがある.さらに,性ホルモンには精巣から分泌される雄性ホルモン(テストステロン)と,卵巣から分泌される発情ホルモン,黄体ホルモン(プロゲステロン)という雌性ホルモンとがある.これらは,いずれも性の決定や生殖器官の形成に深く関わっているホルモンである.また,このような雄性,雌性ホルモンと同様な働きをする物質を総称して,それぞれアンドロゲン,エストロゲンという.

(2) 正常なホルモンの働き

ホルモンは,脳の指令により内分泌腺(分泌物を出す器官を腺という)でつくられ,血流に直接分泌される.分泌されたホルモンは,そのままの状態あるいは血液中のタ

9 環境ホルモンとは　　167

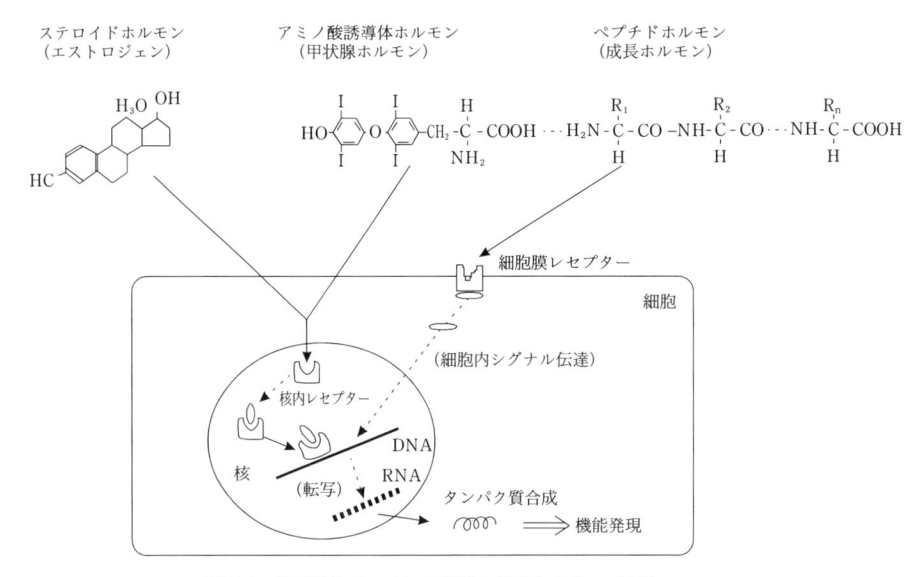

図 9.1　代表的なホルモンの構造と作用とメカニズム[3]

ンパク質と結合した状態で血液によって移送され，作用すべき臓器の細胞に到達し，細胞表面，あるいは細胞核の中に存在するレセプター（ホルモンの種類によって，結合するレセプターが決まっており，ちょうど鍵と鍵穴の関係に似ている）と結合して，活性化し，遺伝子を構成するDNAに働きかけ，動物体内に必要なタンパク質を必要な量だけ生成させ，役目を終えると分解・消滅する．これらホルモンの分泌量は，主に内分泌腺相互のフィードバック機構によって一定の安定した状態を維持するよう調節され，ホルモンの分泌量が多過ぎても少な過ぎても障害が発生する（表9.2）．

このように，ホルモンはそれだけでは機能せず，レセプターと結合することにより初めて活性化し，DNAに指令を出し，作用を及ぼす（図9.1）．

ホルモンは，成長・分化の調節，生殖活動の調節のほかに，体温の調節，水分・無機塩類の調節，血糖量の調節など生物生命の維持に重要な各種機能の調節を行っている．

ホルモンに共通している特徴は，動物の生殖，発生の過程のごく限られた段階には，測定不可能な極微量(ppt：1兆分の1，50mプールに目薬1滴程度，ppb：10億分の1）のホルモンでも大きな影響を与えることである．

また，脊椎動物では同じ種類のホルモンは異なった種類の動物にも有効である．

(3) ホルモンと遺伝の関係

人の性別は，染色体(DNAが詰まっている)の組み合わせによって決まる．染色体

9.2 正常なホルモンの働き

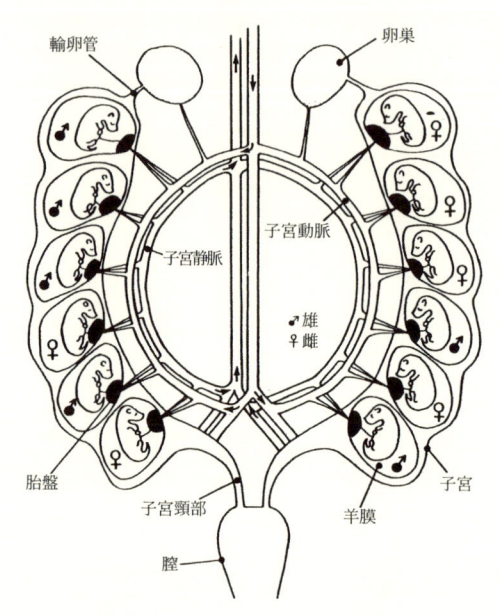

図9.2 子宮の中で育つマウスの胎仔[4]

にはXとYがある．その組み合わせがXYであれば精巣が形成され，XXであれば卵巣が形成される．ここまでは遺伝子が関与するが，これから先は性ホルモンが重要な役割を果たす．

つまり，ホルモンは遺伝子の入れ替えや変異には関与しないが，発生の生理過程で，例えば，男の胎児の場合，精巣からは雄性ホルモンと女性生殖器のもととなるミュラー管を退化させるミュラー管抑制ホルモンが分泌され，男性生殖器のもととなるウォルフ管を発達させて男性生殖器が形成されて男となる．

女の胎児の場合，胎児期には卵巣から雌性ホルモンは分泌されない．精巣がなく，雄性ホルモンとミュラー管抑制ホルモンが分泌されないと，ウォルフ管が退化し，ミュラー管が発達し，女性生殖器が形成されて女となる．雌性ホルモンは，その後の成長過程で初めて分泌されて，乳房などの発達を促して女性となる．

発生の生理過程において，これらのホルモンに反応するのは，ごく限られた時期だけである．必要とされるホルモンがごく限られた量だけ，ごく限られた時期に，しかるべき部位へ送り届けられないと，障害が発生し，二度と元に戻らない不可逆的な反応をする場合がある．

ホルモンと遺伝の関係について，ミズリー大学の生物学者ヴォム・サールらは，普通1度に12匹を出産する多産のマウスを使って，エンドウ豆のさや状の子宮のどの位置で生育したかによって，同じ遺伝情報を持つ雌でも凶暴であったり，従順であったり，その性格に大きな違いがあることに注目し，この原因は，マウスの子宮内の位置に関係があり，両隣が雄の胎児であった雌が凶暴な性格になることを発見した．これを「子宮仲間効果」という．彼はこの原因を次のように考えた．すなわち，雄の胎児は精巣から雄性ホルモンのテストステロンを分泌しはじめ，以後その刺激により雄の性発達が促される．雄の胎児の真中に挟まれた雌の胎児は，両隣の雄の胎児が分泌す

るテストステロンにさらされ，その影響により同じ遺伝子を持つ，ほかの雌の胎児と違った性格になるのではないかと考えた．つまり，ホルモンは同じ遺伝情報を親から受け継いだ雌の胎児の発育に大きな変化を与えることを検証した（図9.2）．

9.3 環境ホルモンと疑われている物質

現在，環境ホルモンと疑われている物質は，約70種類見つかっている（表9.3）．代表的なものは次の通りである．

(1) ポリ塩化ビフェニール（PCB）類

PCBは電気絶縁性がよく，燃えにくく，化学的に安定した性質を持っているので，変圧器の絶縁油，熱媒体として，あるいはノンカーボン紙の溶剤，プラスチックの可塑剤として色々な分野で使用された．PCBは弱い雌性ホルモン疑似作用（エストロゲン作用）が認められている．

1966年スウェーデンの分析化学者によって，オジロワシの体内からPCBが検出されたことが報告され，PCBの生物濃縮が警告された．1968年には，日本の北九州において，天ぷらなどの調理用油として広く利用されていたライスオイルで調理した料理を食べた人の全身に吹き出物が出たり，肝臓障害，皮膚の色素沈着などの症状が現れ，298人もの死者が出た．この原因は，患者の体内の脂肪組織から高濃度のPCBが検出されたことにより，ライスオイルの製造過程で誤って混入したPCBであることが分かった．この事件により，PCBが人体に入ると，脂肪組織に蓄積され，排出されにくく有害であることが分かり，日本では1972年に生産および使用が中止された．この事件が，PCBによる人体汚染の恐怖を世界に知らしめる結果となったカネミ油症事件である．

しかし，それまでに日本で約6万トン，世界では約120万トンのPCBが生産され，紫外線や微生物によっても分解しないので，使用禁止前に環境に放出されたものと，その後も不適切な処理により環境に放出されたものが環境に残留している．

(2) ダイオキシン類

ダイオキシンは，環境で分解されにくく，強い毒性がある．その毒性は，オウム事件で知れ渡った神経性ガスのサリンの約2倍もあるといわれている．ベトナム戦争で枯れ葉剤として使用され，住民にこれの影響と思われる肝臓がんや硬口蓋がんが多発し，また，「ベトちゃん，ドクちゃん」が典型的である二重体児などの先天異常児が数多く生まれ，今も後遺症に苦しんでいることはよく知られている．

9.3 環境ホルモンと疑われている物質

表 9.3 内分泌攪乱作用を有すると疑われる化学物質[5]

	物質名	環境調査	用途	規制など
1.	ダイオキシン類	●	(非意図的生成物)	大防法、廃掃法、POPs
2.	ポリ塩化ビフェニール類 (PCB)	●	熱媒体、ノンカーボン紙、電気製品	74年化審法一種、72年生産中止、水濁法、海防法、廃掃法、地下水・土壌・水質の環境基準、POPs
3.	ポリ臭化ビフェニール類 (PBB)	○	難燃剤	
4.	ヘキサクロロベンゼン (HCB)	●	殺菌剤、有機合成原料	79年化審法一種、わが国では未登録、POPs
5.	ペンタクロロフェノール (PCP)	●	防腐剤、殺菌剤	90年失効、水質汚濁性濃薬、毒劇法
6.	2,4,5-トリクロロフェノキシ酢酸	○	除草剤	75年失効、毒劇法、食品衛生法
7.	2,4-ジクロロフェノキシ酢酸	○	除草剤	登録
8.	アミトロール	○	除草剤、分散染料、樹脂の硬化剤	75年失効、食品衛生法
9.	アトラジン	○	除草剤	登録、海防法
10.	アラクロール	○	除草剤	登録、水濁法、地下水・土壌・水質環境基準、水道法
11.	シマジン	○	除草剤	登録、水濁法、廃掃法、農薬、水道法
12.	ヘキサクロロシクロヘキサン、エチルパラチオン	●	殺虫剤	ヘキサクロロシクロヘキサンは71年失効・販売禁止、エチルパラチオンは72年失効
13.	カルバリル	○	殺虫剤	登録、毒劇法、食品衛生法
14.	クロルデン	●	殺虫剤	86年化審法一種、68年失効、毒劇法、POPs
15.	オキシクロルデン	●	クロルデンの代謝物	
16.	trans-ノナクロル	●	殺虫剤	ノナクロルは本邦未登録
17.	1,2-ジブロモ-3-クロロプロパン	○	殺虫剤	80年失効
18.	DDT	●	殺虫剤	81年化審法一種、71年失効・販売禁止、食品衛生法、POPs
19.	DDE と DDD	●	殺虫剤 (DDTの代謝物)	わが国では未登録
20.	ケルセン	○	殺ダニ剤	登録、食品衛生法
21.	アルドリン	○	殺虫剤	81年化審法一種、75年失効、作物残留性農薬、土壌残留性農薬、毒劇法、水質汚濁性農薬、食品衛生法、POPs
22.	エンドリン	○	殺虫剤	81年化審法一種、75年失効、毒劇法、食品衛生法、POPs
23.	ディルドリン	●	殺虫剤	81年化審法一種75年失効、土壌残留性農薬、家庭用品法、POSs

表 9.3 (つづき)

	物質名	環境調査	用途	規制など
24.	エンドスルファン(ベンゾエピン)	○	殺虫剤	毒劇法, 水質汚濁性農薬
25.	ヘプタクロル	●	殺虫剤	86年化審法一種, 75年失効, 毒劇法, POPs
26.	ヘプタクロルエポキシド	○	ヘプタクロルの代謝物	
27.	マラチオン	○	殺虫剤	登録, 食品衛生法
28.	メソミル	○	殺虫剤	登録, 毒劇法
29.	メトキシクロル	○	殺虫剤	60年失効
30.	マイレックス	○	殺虫剤	わが国では未登録, POPs
31.	ニトロフェン	○	除草剤	82年失効
32.	トキサフェン	○	殺虫剤	わが国では未登録, POPs
33.	トリブチルスズ	●	船底塗料, 漁網の防腐剤	90年化審法 (TBTOは第一種, 残り13物質は第二種), 90年化審法二種, 家庭用品法
34.	トリフェニルスズ	●	船底塗料, 漁網の防腐剤	90年化審法二種, 家庭用品法
35.	トリフルラリン	○	除草剤	登録
36.	アルキルフェノール(C5からC9)	●	界面活性剤の原料/分解生成物	海防法
	4-オクチルフェノール	●	界面活性剤の原料/分解生成物	
37.	ビスフェノールA	●	樹脂の原料	食品衛生法
38.	フタル酸ジ-2-エチルヘキシル	●	プラスチックの可塑剤	水質関係要監視項目
39.	フタル酸ブチルベンジル	●	プラスチックの可塑剤	海防法
40.	フタル酸ジ-n-ブチル	●	プラスチックの可塑剤	海防法
41.	フタル酸ジシクロヘキシル	●	プラスチックの可塑剤	
42.	フタル酸ジエチル	○	プラスチックの可塑剤 (非意図的生成物)	海防法
43.	ベンゾ(a)ピレン	●		
44.	2,4-ジクロロフェノール	●	染料中間体	海防法
45.	アジピン酸ジ-2-エチルヘキシル	●	プラスチックの可塑剤	海防法
46.	ベンゾフェノン	○	医薬品合成原料, 保香剤など	
47.	4-ニトロトルエン	○	2,4-ジニトロトルエンなどの中間体	海防法
48.	オクタクロロスチレン	●	(有機塩素化合物の副生成物)	海防法

表 9.3 (つづき)

	物　質　名	環境調査	用途	規制	など
49.	アルディカーブ		殺虫剤	わが国では未登録	
50.	ベノミル		殺菌剤	登録	
51.	キーポン (クロルデコン)		殺虫剤	わが国では未登録	
52.	マンゼブ (マンコゼブ)		殺菌剤	登録	
53.	マンネブ		殺菌剤	登録	
54.	メチラム		殺菌剤	75年失効	
55.	メトリブジン		除草剤	登録, 食品衛生法	
56.	シペルメトリン		殺虫剤	登録, 毒劇法	
57.	エスフェンバレレート		殺虫剤	登録, 毒劇法	
58.	フェンバレレート		殺虫剤	登録, 食品衛生法	
59.	ペルメトリン		殺虫剤	98年失効	
60.	ビンクロゾリン		殺菌剤	登録	
61.	ジネブ		殺菌剤	登録	
62.	ジラム		殺菌剤		
63.	フタル酸ジペンチル			わが国では生産されていない	
64.	フタル酸ジヘキシル			わが国では生産されていない	
65.	フタル酸ジプロピル			わが国では生産されていない	
66.	スチレンのニおよび三量体		スチレン樹脂の未反応物	スチレンモノマーは, 海防法, 毒劇法, 悪臭防止法	
67.	n-ブチルベンゼン		合成中間体, 液晶製造用		

注1) 上記中の化学物質のほか, カドミウム, 鉛, 水銀も内分泌攪乱作用が疑われている.
2) 環境調査では, ●は検出例のあるもの, ○は未検出, 印のないものは環境調査未実施.
3) 規制などの欄に記載した法律は, それらが法律上の規制などの対象であることを示す. 化審法は「化学物質の審査及び製造等の規制に関する法律」, 大防法は「大気汚染防止法」, 水濁法は「水質汚濁防止法」, 海防法は「海洋汚染及び海上災害の防止に関する法律」, 廃掃法は「廃棄物の処理及び清掃に関する法律」, 毒劇法は「毒物及び劇物取締法」, 家庭用品法は「有害物質を含有する家庭用品の規制に関する法律」を意味する. 地下水, 土壌, 水質の環境基準は, おのおのの環境基本法に基づく「地下水の水質汚染に係る環境基準」「土壌の汚染に係る環境基準」「水質汚濁に係る環境基準」をさす.
4) 登録, 失効, 本邦未登録, 土壌残留性農薬, 作物残留性農薬, 水質汚濁性農薬は農薬取締法に基づく.
5) POPsは, 「陸上活動からの海洋環境の保護に関する世界行動計画」において指定された残留性有機汚染物質である.

ベトナム戦争後，1977年オランダのK.オーリーがゴミを燃やしてもダイオキシンが発生することを発見した．その後，多くの研究者による研究の結果，有機塩素化合物の混ざったゴミを300〜400℃程度に加熱すると，ダイオキシンが発生することが分かり，世界を震撼させた．

日本では，1997年12月にダイオキシン規制法が施行され，排出が規制されている．また，国はダイオキシンの発生を少なくするゴミ処理対策として，ゴミを大規模施設で850℃以上の高温で連続焼却処分するよう地方自治体に指導している．現在，ゴミ処理は地方自治体単位で処理することが義務づけられており，大規模施設を建設するほどのゴミが発生しない人口の少ない市町村のゴミ処理が問題になっている．

最近の研究では，ダイオキシンは動物の精巣を萎縮させる作用とともに，甲状腺ホルモンの濃度を変化させ，雄性ホルモンに影響し，さらに雌性ホルモン阻害作用（抗エストロゲン作用）も併せ持つことがわかってきた．このような物質による環境汚染は，将来，種の存続を脅かすような極めて重大な影響をもたらす可能性を示唆している．

(3) 有機スズ

船底や漁網の防汚塗料として使われていたトリブチルスズ，トリフェニルスズは，河川，湖や海の水に，ごくわずかであるが溶けて，水棲動物の内分泌系を撹乱することが認められた．日本でも，沿岸百カ所余りで巻貝の一種であるイボニシ貝の雌にペニスが存在するインポセックス（雌にペニスが存在する現象，雄化）が発見された．このため，現在国内では有機スズが含まれた塗料は使用禁止となったが，外航船では使用されているものがある．

(4) DDTおよびDDE（DDT代謝物，DDTが化学変化したもの）

DDTは，人畜無害な殺虫剤として，戦後には，占領軍によって人間のノミやシラミ退治に広く使用されたり，あるいは農作物を荒らす害虫殺虫剤として農業分野で広く使用された．これらは1981年に製造，販売および使用が禁止となった．DDTおよびDDEは水に溶けず，分解されにくく，環境に半永久的に残留するので，過去に使用されたものが環境に今なお広く分布している．

DDTは雌性ホルモン疑似作用，DDEは雄性ホルモン阻害作用（抗アンドロゲン作用）が認められ，DDEには鳥類の卵殻を薄くする作用もある．

(5) ビスフェノールA，ノニルフェノール

ビスフェノールAは主にポリカーボネート樹脂の原料として使用され，ポリカーボネート製プラスチックは，小・中学校の給食用食器（すでに回収された）から工業製

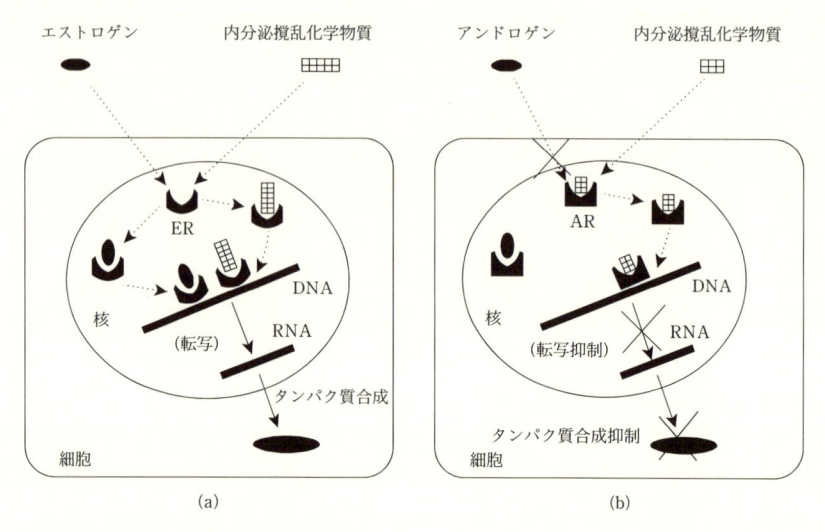

図 9.3 環境ホルモンの作用メカニズム[6]
（a）エストロゲン類似作用のメカニズム：内分泌撹乱化学物質（ビスフェノールA，ノニルフェノール，フタル酸エステル，DDT など）が ER（エストロゲンレセプター：エストロゲンと結合して，遺伝子を活性化させる）と結合することによってエストロゲンと類似の作用がもたらされる．
（b）アンドロゲンの作用を阻害するメカニズム：内分泌撹乱化学物質（DDE，ビンクロゾリンなど）が AR（アンドロゲンレセプター：アンドロゲンと結合して遺伝子を活性化させる）と結合し，アンドロゲンが結合するのを阻害する結果，アンドロゲン作用は阻害される．

品まで広く使われていて，現在も大量に出回っているが，雌性ホルモン疑似作用があることが報告されている．

ノニルフェノールはプラスチックの原料，工業用合成洗剤などに使われているが，雌性ホルモン疑似作用があることが報告されている．

9.4 環境ホルモンとその作用メカニズム（図 9.3）

前述したように，本来，ホルモンとレセプターは組み合わせが決まっており，ホルモンは，ある特定のレセプターにしか結合しない．ところが環境ホルモンは，例えば，本来，雌性ホルモンしか受けつけないはずのレセプターと結合して活性化し，DNA に働きかけ，雌性ホルモンの疑似作用（エストロゲン様作用）をしたり，雄性ホルモンのレセプターと結合し，正常な雄性ホルモンがレセプターと結合するのを遮断し，雄性ホルモンが DNA へ働きかけるのを妨害する．このような作用を抗アンドロゲン作

用という．

このような正常なホルモンの作用を撹乱する作用は，環境ホルモンがどの過程で目的臓器に到達し，どのくらいの量で DNA に影響を及ぼすか完全には分かっていないが，これまでの内外の研究報告によれば，だいたい次のように説明されている．

(1) **環境ホルモンと疑われている物質**

その大部分は，ホルモンが細胞中にあるレセプターを認識し，それと結合して活性化される段階で障害を及ぼすと考えられている．

このような物質の中には，環境ホルモンとレセプターが結合し，類似作用をするものと逆に阻害作用をするものとに分かれる．前者に属するものは PCB, DDT, ノニルフェノール，およびビスフェノール A などの化学物質で，後者に属するものは，ダイオキシン類や有機スズ化合物などの化学物質であるといわれている．

(2) **ホルモン作用の全段階で影響を及ぼすと考えられているもの**

スチレンは脳下垂体におけるホルモン合成を阻害し，フィードバック機構を撹乱する働きがある．つまり，ホルモン作用の全段階で影響を与える．

(3) **そのほか**

最近ではホルモンレセプターに結合せず，細胞内のシグナル伝達経路に影響を及ぼすことによって，DNA を活性化させ，タンパク質の生産や細胞分裂の調整を指示する段階で誤ったシグナルを発するものも発見されている．例えば，ダイオキシン類，有機スズ化合物などはエストロゲンレセプターやアンドロゲンレセプターとも結合しないが，ある種のタンパク質と結合し，DNA を活性化し間接的にエストロゲン作用に影響を与えるとされている．

9.5　環境ホルモンの野生動物や人間への影響

環境ホルモンによる人間や野生動物への影響を考える場合，見逃してはいけないことは生物濃縮である．

本来，ホルモンは，ごく微量でも動物に大きな影響を及ぼす特徴を持っている．環境ホルモンは，一度動物体内に取り込まれると，脂肪組織に蓄積され，代謝が遅く，体外に排泄されにくい特徴を持つばかりか，自然界で分解しにくい性質を持っているので，動物体内，自然環境に蓄積する．したがって，土壌，湖水や海水に含まれている汚染物質を測定したとき，測定不可能なごく低い濃度でも食物連鎖により生物濃縮され高濃度になり，野生動物や人間に影響を及ぼす恐れがある．

図 9.4 食物連鎖と生物濃縮の一例
　　　　数値は愛媛大学農学部田辺信介教授らの調査による．

また，これまで多く報告されているエストロゲン作用を撹乱する化学物質は，主に生殖機能に障害をもたらし，胎児や乳幼児に深刻な影響を与える恐れがある．

(1) 生物濃縮

　生物は外部から種々の物質を吸収し，分解，あるいは不必要なものはそのまま排泄する．この過程で生命を維持するのに必要な物質が常に一定量身体に蓄えられる．しかし，中にはいったん身体の中に入り込むと，残留性が強く，分解，排泄されない物質がある．このような物質を蓄積した生物を食物として繰り返し取り込む食物連鎖を通じて，その物質が環境中の濃度より次第に高濃度になる．このような現象を生物濃縮という．

　生物濃縮の例でよく知られている例は，DDT や BHC, PCB, メチル水銀やカドミウムなどの生物濃縮である．特に，油に溶ける性質をもつ DDT や BHC は，人に対する毒性は弱いとされ，農薬として広く使用された．DDT は散布されると，葉について草食動物の体内の脂肪に蓄積され，さらにそれを補食する動物の体内に蓄積され，食物連鎖を通じて移動し，次第に高濃度に蓄積されて，最終的には，食物連鎖の頂点に立つ人間に及ぶ．

　海棲動物においても，愛媛大学田辺信介教授らによって行われた調査によれば，動物プランクトンを主食とするハダカイワシ，スルメイカを補食する西部太平洋のスジイルカの体内の PCB, DDT の残留濃度は，海水中の PCB 濃度の 1300 万倍，3700 万

表 9.4 野生生物への影響に関する報告[7]

生物		場所	影響	推定される原因物質	報告した研究者
貝類	イボニシ	日本の海岸	雄性化,個体数の減少	有機スズ化合物	Horiguchi ほか (1994)
魚類	ニジマス	イギリスの河川	雌性化,個体数の減少	ノニルフェノール (断定されず)	Sumpter ほか (1985)
	ローチ (コイの一種)	イギリスの河川	雌雄同体化	ノニルフェノール (断定されず)	Purdom ほか (1994)
	サケ	アメリカの五大湖	甲状腺過形成, 個体数減少	不明	Leatherland (1992)
爬虫類	ワニ	アメリカ,フロリダ州の湖	オスのペニスの矮小化,卵のふ化率低下,個体数減少	湖内に流入したDDTなど 有機塩素系農薬	Guillette ほか (1994)
鳥類	カモメ	アメリカの五大湖	雌性化,甲状腺の腫瘍	DDT,PCB (断定されず)	Fry ほか (1987) Moccia ほか (1986)
	メリケンアジサシ	アメリカミシガン湖	卵のふ化率の低下	DDT,PCB (断定されず)	Kubiak (1989)
哺乳類	アザラシ	オランダ	個体数の減少, 免疫機能の低下	PCB	Reijinders (1986)
	シロイルカ	カナダ	個体数の減少, 免疫機能の低下	PCB	De Guise ほか (1995)
	ピューマ	アメリカ	精巣停留,精子数減少	不明	Facemire ほか (1995)
	ヒツジ	オーストラリア (1940年代)	死産の多発, 奇形の発生	植物エストロゲン (クローバ由来)	Bennetts (1946)

注) 引用文献はすべて"外因性内分泌攪乱化学物質問題に関する研究班中間報告"による.

倍にも達している事が報告されている[4] (図9.4).

(2) 野生動物に対する影響

今までに分かっているのは,魚類,爬虫類,鳥類といった野生動物の生殖機能異常,生殖行動異常,雄の雌性化,ふ化能力の低下などが多く報告されている.いずれも現在のところは水生動物,水域と接して生息する動物に多い.

現在,これら野生動物の生殖変異で原因物質と疑われているものは,DDTや界面活性剤[*1]の分解生成物であるノニルフェノールが挙げられているが,原因物質が特定された例は,アメリカのフロリダ州のアポプカ湖のミシシッピワニのペニス矮小化などの異常,日本沿岸のイボニシ貝の雌のインポセックスなど数例に過ぎない (表9.4).

(3) 人間に対する影響

環境ホルモンによる人間への影響が医学的に明らかにされている例として,アメリカでの人工合成女性ホルモンDES (ジエチルスチルベストロール) 薬禍の例がある.

---

*1 表面張力をなくす作用があり,洗剤として広く用いられ,そのほか,乳化剤,消泡剤,帯電防止剤などとして多種類のものが大量に生産されている.

DESは流産予防の特効薬としてもてはやされ，さらには更年期障害，前立腺がん，ニキビなどの治療薬，育毛剤，精力増進剤として使用された．母親がこの薬を服用した子供の若い女性に膣がんが多発した．これは，胎児期に胎盤を通じて，雌性ホルモンにさらされたためと考えられている．これについては，マウスを使った実験で実証されている．

そのほか，成人男子の精子の減少傾向が，人工合成化学物質の製造量の増加した時期から高まっているとか，近年顕著な増加傾向を示している乳がん，子宮内膜症，アトピー症などは環境ホルモンが原因ではないか疑われているが，その因果関係は，現在のところはよく分かっていない．

9.6 環境ホルモン汚染から身を守るガイドライン

環境ホルモンの日本の第一人者である横浜市立大学井口泰泉教授が，安全性が確認されるまで，環境ホルモンから身を守るため次のような四つの方法を提案されているので要約紹介する．

(1) 動物性脂肪をあまり摂らない

脂肪分，特に動物性の脂肪分をたくさん含む食物はあまり摂らない方がよい．PCB，ダイオキシンなど有機塩素化合物は，体脂肪に多く蓄積されており，食物連鎖を通じて濃縮されていくことが分かっている．人間は食物連鎖の頂点の位置にあることを忘れてはならない．

(2) プラスチック製品よりもガラス製品，木製品を使う

プラスチック製品を使うときは十分に注意する．例えば，ポリカーボネート製食器に熱湯や油，アルコールなどを入れると，環境ホルモンのビスフェノールAが溶け出す．このほかにも，プラスチック製品にはさまざまな添加物が入っており，その中でフタル酸系物質にはエストロゲン様作用をするものがある．

(3) 缶入りの飲料をあまり飲まない

缶入り飲料，缶詰の内側にはプラスチックでコーティングがしてある．ここからビスフェノールAが溶け出す．

(4) 農薬や殺虫剤の使用に注意する

環境ホルモンと疑われているものの中には農薬，殺虫剤が多い．農薬，殺虫剤の使用は，自己防衛上ばかりでなく，自ら環境を汚染しない意味でも皆が注意することが必要である．

参 考 文 献

1) Theo Colbon, Dianne Dumanoski, John Peterson Myers 著，長尾力訳，"奪われし未来"，翔泳社（1998）．
2) Rachel Louise Carson 著，青樹梁一訳，"沈黙の春"，新潮社（1998）．
3) Deborah Cadbury 著，井口泰泉監修，古草秀子訳，"メス化する自然"，集英社（1998）．
4) 井口泰泉，"環境ホルモンの恐怖"，PHP 研究所（1998）．
5) 環境庁，"外因性内分泌撹乱化学物質問題への環境庁の対応方針について―環境ホルモン戦略計画 SPEED '98―"，環境庁（1998）．
6) 佐藤淳，"環境ホルモンのしくみ"日本実業出版社（1999）．
7) 竹内均，"Newton 人体・環境異変"ニュートンプレス（1999）．
8) シーア・コルボーン，養老猛司，高杉暹，田辺信介，井口泰泉，堀口敏宏，森千里，香山不二雄，椎葉茂樹，戸髙惠美子"よく分かる環境ホルモン学"，環境新聞社（1998）．
9) 井口泰泉監修，吉田昌史，"図解「環境ホルモン」を正しく知る本"，中経出版（1998）．
10) 井口泰泉，"環境ホルモンを考える"，岩波書店（1998）．

図 表 の 出 所

1) 小林弘"新生物 I B・II" p.316, 317, 数研出版（1996），一部変更．
2) 環境庁，"外因性内分泌撹乱化学物質問題への環境庁の対応方針について―環境ホルモン戦略計画 SPEED'98―", p18, 環境庁（1998）．
3) 2)の p.19．
4) 井口泰泉，"環境ホルモンを考える", p.67, 岩波書店（1998）．
5) 2)の p.22, 23．
6) 2)の p.20
7) 2)の p.21．

あとがき

　高度経済成長期の産業社会で技術者，研究者として働きながらその経済効率優先主義が，自分たちの生存基盤である地球環境に深刻な影響を与える危険な方向に走っていたことに気づかなかった反省から地球のことをもっとよく知る必要があると痛感し地球科学の勉強をしていたところ，たまたま大学の教養学科目「地球の科学」を担当する機会を得た．次世代を担う大学生に考えるきっかけを与えるべく使命を果たす，またとない機会と考え，引き受けた．

　講義を担当するに際し，地球科学の多くの書物を調べてみたが，当然のことながら執筆者の専門分野中心のものが多い．例えば，地質の専門家は，岩石，地層のことを深く突っ込んで記述し，ほかの分野は簡単に記述してあるといった具合である．細分化された先端的な話は，学問の進歩にとって非常に重要であるが，一般教養学科目のテキストとしては適当ではない．はしがきでも述べたように，昨今の資源・エネルギー問題，地球環境問題などを理解するためには，広い分野を総合的に捉えた地球科学の知識が必要である．

　そこで，筆者が長年，新・省エネルギー・環境技術に関する研究開発に従事した経験から，技術者として，社会人として，地球環境問題などを理解するために必要な基礎知識，新知見をピックアップしたオリジナルのテキストの作成を思い立ち，「くらしと地球環境」というテーマでまとめることにした．

　地球科学（地学）は，大学の一般教養科目としてあまり人気がない．その理由を筆者なりにいろいろと考えてみたが，人類の未来にとって大切な学問分野にもかかわらず，地球科学の知識と日常生活との関わりについての説明が不十分なためではないかと思う．

　そこで，本書では，最近関心が高まっている地球科学に関連した身近な問題も取り上げた．

◆ 環境電磁界（EMF）の人体への影響
　　◆ 原子力発電に関連して関心が強い「放射線の人体への影響」
　　◆ 最近頻繁にマスコミに報道される「環境ホルモン」
　　◆ 地震に関連して，阪神大震災後，不安に思われている「建物の耐震設計」
がそれである．

　最後に，多くの専門家の著書を参考にさせていただいたことに対して，関係の著者，出版関係者に，取材に際し御協力下さった関係者にも厚く御礼申し上げます．また，本書は，多くの先達が切り開いてこられた地球科学の貴重な知識を広く普及させるため「一般の人たちにも分かりやすく」をモットーに執筆いたしました．専門家の方々にはご異論のある箇所もあろうかと思いますが，ご容赦いただきたいと思います．

　最後に，専門外の人たちにも分かりやすくという観点から，今回も推敲を依頼したわが娘・英子に感謝するとともに，本書を読まれる方々の参考までに以下彼女の推敲後の感想を掲載します．

感　　想

　「くらしと地球環境」は，前作「エネルギーと地球環境」に続いて，今度は私たちのくらしと深く結びついている地球環境問題をその背景にまで拡げて解説したものです．率直に述べて，前作に比べてずいぶん読みやすくなったと思います．執筆に当たって，筆者自身も自分の専門分野以外の部分を一から勉強したことに加えて，純粋な文化系人間である私がいろいろ注文を付けて書き直していった結果，かなり一般の人向きの文章になったようです（やり過ぎかしら？）．

　本書には，地球環境問題の対策を考える上で必要な，地球に関するさまざまな知識が詰まっています．まず，地球環境問題の解説に始まり，地球の生い立ち，そもそも地球は何者で，地球をめぐる環境は，長い年月を経てどのように変化してきたのか，そして，私たちが日頃「聞いたことはある．この間テレビで危険だと言っていた．よく分からないけど，なんだかこわいもの」と思っている，放射線，電磁波，環境ホルモンについて詳しく書かれています．

　壮大な宇宙の始まり，地球の長い歴史について学んでいくと，実は，人類はまだまだ新参者で，その中の1人としての自分がとてもちっぽけな存在に思えてきます．

　大学の地球科学の講義のレポートに，学生さんの1人が，「地球環境を守るために，今日から僕は呼吸する回数を減らします」と書かれたと聞いて，思わず笑ってしまいましたが，地球環境を最優先に考えて，突き詰めていくと，人間の存在すら汚染物質

となってしまうのです．

　ここで忘れてはならない重要なことは，私たち人類は世代を交代させることによって種を存続させていくことをプログラムされた生命体であり，私たちは今，その「種の存続」のために地球環境問題を考えているということです．

　実は，地球環境問題のほとんどは，まだ未知な部分を残しており，その因果関係について証明されたものは数少ないというのが現状で，それについて書くので「おそらく……ではないかと考えられる」という記述が多用されているのです．これから先も，まだまだ研究が進んで行くでしょう．もしかしたら，地球温暖化だって，地球の長い歴史の流れの中では，わずかな気候変動でしかないのかもしれません．だって，恐竜時代に，恐竜が何もしなくても，氷河期が訪れたのですし……．つまり，その対策となると「もしも，害があった場合」を想定してたてるしかないのが現状なのです．

　ですから，今の私たちには，極端に原始的な生活に帰ることが必要なのではなく，あくまで地球環境のために自分たちにできることを着実にこなすことが使命であり，過剰な反応により，パニックに陥る前に，地球環境問題そのものはもちろんのこと，その背景について，もっともっと知ることが必要なのだと思います．そして「よく分からないこわいもの」についても，しっかりとその正体を見極めて，自分の身を守るべく正しい知識を持って，自分の行動に責任を持つことが使命なのです．

　使命と言えば，前作執筆中に父は，某有名私大病院にて，肺がんおよび，その転移の疑いのため，検査入院を強いられたのでした．結局，後に別の病院にてまったくの健康体であることが確認され，今となっては笑い話ですが，当時は家族ともども本人もすっかり余命いくばくもないと信じ切っておりました．そのような中で，外泊許可を取り，一時帰宅した際，父が執筆のためにパソコンに向い，ものすごい勢いで原稿を完成させたことが思い出されます．

　読者の皆様は，余命いくばくもないと宣告されたとき，何をなさいますか？　父は確かにこの地球環境問題シリーズの執筆に強い使命感を抱いて取り掛かっておりましたことを，娘の私が証明いたします（笑）．

付　　　録

地球の年代

　地球が誕生したのは，今から約46億前とされている．地球の年代は，大まかに四つの時代に区分される．地球の誕生から40億年前を冥王代と呼ぶ．これは地層に化石などの記録が残っていない時代という意味で付けられた名前である．40億年から25億年前を太古代，25億年から6億年前を原生代，6億年から現在までを顕生代と呼ぶ．

　顕生代は，古いタイプの生物しかいなかった古生代，爬虫類の全盛時代だった中生代，哺乳類の全盛時代の新生代の三つに分けられる．また，古生代以前をひとくくりにして先カンブリア時代と呼ぶこともある．

　地球の歴史全体を眺めると，顕生代より，顕生代以前の方がはるかに長い．しかし，地球史を証明する科学的データがほとんど存在しないため，顕生代以前については，当然のことながら詳述された文献は極めて少ない．付表1は，そのような意味で数少ない貴重な文献[1]である．

　付表2は顕生代の拡大年表である．

付表1の出所

1)　丸山茂徳，磯崎行雄，"生命と地球の歴史"，p. IV，岩波書店（1998）．

付表1　地球史年表

冥王代	太古代				原生代			顕生代		
				25				古	中	新
45.5億年前	40	35	27	21　19	10	5.5	4.5	2.5	0.65

生命史のイベント:
- 40: 生命誕生
- 35: 最古原核生物化石
- 27: 酸素発生型光合成開始
- 21: 真核生物出現
- 10: 多細胞生物出現
- 5.5: V/C 硬骨格生物出現
- 4.5: 生物上陸
- 2.5: P/T
- 0.65: K/T 恐竜絶滅・哺乳類台頭
- 人類誕生

表層環境変化:
- 原始大気 (H_2O, CO_2)
- 40:
- 27: 強い磁場誕生／酸素増加開始
- 21: 酸素増加
- 5.5: 酸素急増
- 4.5: オゾン層誕生
- マグマオーシャン
- 海洋形成 H_2O-CO_2
- 赤鉄鉱沈殿
- 塩分濃度急上昇 7.5 H_2O-$NaCl$

固体地球:
- マグマオーシャン／プルームテクトニクス／マグマオーシャン
- 40: 大陸地殻誕生
- 19: 最初の超大陸
- 27: プレートテクトニクス ——— 7.5
- 二層対流 ——— 一層対流 ——— 海水逆流開始
- 安定密度成層 ——— 電磁流体ダイナモ始動
- 固体中心核誕生？

付表 2　顕生代年表

顕生代															
古生代（期間3億2800万年）						中生代 (182)			新生代 (65)						
カンブリヤ紀	オルドビス紀	シルル紀	デボン紀	石炭紀	二畳紀 ペルム紀	三畳紀 トリアス紀	ジュラ紀	白亜紀	第三紀				第四紀	
									古第三紀			新第三紀			
									暁新世	始新世	漸新世	中新世	新新世	更新世 洪積世	完新世 沖積世

545　509　446　416　367　289　247　212　143　65　55　38　24　5.1　1.7　0.01　現在

海生無脊椎動物時代	魚類時代	両生類時代	爬虫類の時代	哺乳類の時代

(単位100万年)

↑ V/C センブリア紀の爆発 硬骨格生物の出現
↑ 魚類出現
↑ 両性類の出現　生物上陸
↑ 爬虫類の祖先出現
↑ P/T 哺乳類型爬虫類の大量絶滅
↑ 哺乳類の祖先出現
↑ K/T 恐竜絶滅
↑ 人類誕生

＊ V/C, P/T, K/T：時代境界略号（例：ペルム紀とトリアス紀の頭文字をとり P/T）

索　引

あ　行

ICRP	139
アイソスタシー	33
アセノスフェア	32, 48
アデノシン三リン酸	161
アデノシン二リン酸	161
アミノ酸	153, 154
RNA	151
α 壊変	105
α 線	96, 105
α 粒子	105
アンドロゲン	166
EMF	124
硫黄酸化物（SO_x）	4
１気圧	34
一次エネルギー	10
遺伝子 DNA	157
遺伝情報	153
──の伝達方式	153
遺伝子的影響	135
ウェゲナーの大陸移動説	41
宇宙線	39, 95, 99
宇宙のはじまり	25
宇宙膨張論	25
海風	90
海のはたらき	79
ALARA	140
液状化	68
液状化対策	68
エストロゲン	166

S 波	30
X 線	98, 107
ADP	161
ATP	161
エネルギーの逸散	66
mRNA	153
エル・ニーニョ現象	82
応答スペクトル	64
応用スペクトル包絡線	72
大型振動台	72
オゾン	38
オゾン層	1, 3, 38, 159
──の破壊	1
オゾンホール対策	13
オパーリンの生命の起源説	148
オーロラ	39

か　行

温室効果ガス	2, 3
海水の動き	79
海洋汚染	4
海洋底拡大説	42
海洋表層の流れ	80
化学合成バクテリア	151
核	31
核酸	151
確定的影響	
放射線の──	140
核分裂反応	20
核融合発電	20
核融合反応	20

確率的影響	131	嫌気性独立栄養生物	156
放射線の——	131	原子力発電	18
火星の質量，表面重力，大気組成	77	——の耐震設計法	69,70
活断層	70	——の原理	19
——の調査	71	——のメリット	18
カリウム 40	115	元素	28
火力発電	19	減速材	104
ガル	61,62	コア	31
カルデラ	54	コアセルベイト	148
過冷却状態	92	公害問題	5
環境ホルモン	163,169	光化学オキシダント	91
——の影響	175	光化学スモッグ	91
——の作用メカニズム	174	光子	99
還元型大気	149	洪積層	65
岩石圏	33,46	交流電界	126
間接電離放射線	100	古地磁気学	43,44
間氷期	8	固有周期	63,64
カンブリア紀の爆発	158	——の変化	66
γ 壊変	109	固有振動	63
γ 線	96,98,109	コリオリ力	79
岩流圏	32,48	根源物質	52
気化熱	78,79		
気象変動	9	さ　　行	
気候変動枠組条約	10		
季節風	90	細胞分裂の模式図	156
輝線スペクトル	24	砂漠化	5
逆転層	91	酸化型大気	149
吸収スペクトル	24	サンシャイン計画	17
キュリー温度	43	三重水	104
凝縮熱	79	三重水素	104
恐竜絶滅	159	酸性雨	4,12
局地風	90	酸性雨対策	13
金星の質量，表面重力，大気組成	77	サンドコンパクションパイル工法	69
グーテンベルク面	31	シアノバクテリア	35,156
グレイ	101	——の化石	147
グローバルホールアウト	105	ジェット気流	89
クロロフルオロカーボン	2	磁界	126
クーロン	101	紫外線	38,98
軽水	104	しきい線量	131
ケルビン	28	磁気圏	111
原核生物	155	子宮仲間効果	168
嫌気性従属栄養生物	155	自己点火条件	21

地震	57		砂地盤	68
——活動分布	58		——の液状化現象	67
——の加速度	62		——の液状化メカニズム	68
地震国日本	65		スーパーコールドプルーム	52
地震波	29		スーパーホットプルーム	50
——の応答スペクトル	65		スモッグ	92
地震波トモグラフィー	50		成層圏	38
自然放射線	114		静電界	126
実効線量	101		制動X線	108
実効半減期	103		生物的半減期	102
磁場	112		生物濃縮	176
地盤			生命誕生の場所	150
——の共振作用	66		生命誕生のプロセス	149
——の増幅作用	66		生命の起源	147
——の地質調査	71		石灰岩	36
シーベルト	100, 101		石炭，石油の生成	53
柔構造	65		赤外線	98
重水	104		石炭	52
重水素	104		石油	53
省エネルギー	17		赤方偏移	25
食物連鎖	176		設計最大地震波	72
食料生産量	4		遷移	24
植林の効果	12		線スペクトル	24
新エネルギー	17		前線	92
新エネルギー・産業技術総合開発			せん断力	68
機構	17		潜熱	78
震央	57		線量勧告値	142
真核生物	158		線量限度	140
震源	57			
人工放射線	114		た　　行	
深層水のベルトコンベア	81			
新耐震	62		ダイオキシン	169
新耐震設計法	62		大岩盤構造論	46
震度	60		大気	34
震度法	62		——の動き	75
深発地震	59		——の循環	87
水質汚染	84		——の鉛直構造	36
水素イオン濃度	4		——の大循環	88
水素結合	78		——の透明さ	24
水素の同位元素	105		大気汚染物質の長距離輸送	90
ストレスタンパク質	134		大気圏	
ストロマトライト	35		——の鉛直構造	35

索引

——の温度	35
——の気圧	35
大気組成の変化	37
耐震設計	57
耐震設計法	62
大地	33
ダイヤモンド	34
太陽系	26
——諸天体の誕生	25
——の形成プロセス	26
——のモデル	27
——惑星の諸元	27
太陽風	110, 112
大陸移動説	41, 43
対流圏	37
大量絶滅	159
多細胞生物	158
たて波	30
谷風	90
単細胞生物	155
炭酸同化作用	150
単振動	63
炭酸同化作用	151
断層	58
炭素循環システム	160
タンパク質	153, 154
地殻	33
——熱対流	45
——の均衡	33
地下の地震	66
地球温暖化	2, 4, 5
地球温暖化防止京都会議	10
地球環境問題	1
——における日本の役割	18
発展途上国の——	14
地球磁気圏	112
地球磁場	43
——の化石	44
地球内部の圧力	33
地球内部の温度	33
地球内部の化学組成	34
地球内部の密度	33

地球の温度上昇	6
地球	
——の構造	23
——の質量，表面重力，大気組成	77
——の内部化学組成	31
——の内部構造	30
——の物質循環システム	160
窒素酸化物(NO_x)	4
沖積層	65
超高層ビル	65
直接電離放射線	99
直下型地震	59
沈殿残留磁気	44
tRNA	154
DES	
（ジエチルスチルベストロール）	
	177
DNA	151
DDE	173
DDT	173
デオキシリボ核酸	151
適応応答	134
テストステロン	164, 166
デリンジャー現象	39
電界	126
転向力	79
電磁界(EMF)	123
電磁界(EMF)の影響	123
電磁波	95, 97, 123
——の影響	123
電磁波放射線	95
天然ガス	54
電波	98
電波望遠鏡	23
電離層	39
同位元素	9, 101
同位体	9, 101
等価線量	100
動的設計法	62
特性X線	108
特定フロン	1

項目	ページ
ドップラー効果	25
トリチウム	104
トレーサー	118

な 行

項目	ページ
内分泌攪乱作用を有すると疑われる化学物質	170
内分泌系攪乱物質	163
内分泌腺	166
内陸型地震	59
凪	90
新潟地震	67
二酸化炭素対策技術	11
二酸化炭素濃度	7, 8
二次エネルギー	10
二重らせん構造	152
日本のエネルギー資源	52
日本列島の誕生	54
ヌクレオチド	152
熱塩循環	81
熱核融合反応	21
熱圏	39
熱効果	125
熱残留磁気	43
熱水噴出孔	150
熱帯林の減少	5
年代の測定	119

は 行

項目	ページ
ノニルフェノール	173
バイブロフロテーション工法	69
破壊強度	57
バクテリア	150, 158
発電方式	10
ハドレー循環	88
ハロン	14
バンアレン帯	113
パンゲア大陸	42, 161
半減期	102
万有引力	25
PCB	169
日傘効果	93
ビスフェノールA	173
ビッグバン	25
非熱効果	125
P波	30
ppt	197
ppb	167
非破壊検査	119
被ばく	105
氷期	8
表層水の追跡調査研究	87
表面波	30
微量放射線の影響	138
品種改良	119
風成循環	79
フェレル循環	89
フォトン	99
物理的半減期	102
プラズマガス	111
プルトニウム	106
プルーム	50
プルームテクトニクス	48, 51
プレート	33, 46, 47, 58
プレート型地震	58
プレートテクトニクス	41, 46
不連続線	93
プロゲステロン	164, 166
フロン	2
平均地殻熱対流量	45
ベクレル	101
β壊変	106
β線	96, 106
ベルゴニ・トリボンドの法則	141
ヘルパーT細胞	134
偏西風	89
放射性壊変	96, 101
放射性元素	101
放射性降下物	105
放射性同位元素	101
放射性同位体	101
放射性廃棄物	18

放射性物質	96
放射性崩壊	96
放射線	95
——から身を守る具体的方法	143
——の影響	130
——の急性障害	124
——の種類と透過力	106
——の単位	100
——の発生機構	107
——の防護	140
——の利用	132
——の利用方法	117
放射線防護	132
放射線ホルミシス	137
放射能	96
——の単位	100
飽和水蒸気量	92
ホットプルーム	50
ポリ塩化ビフェニール	169
ホルミシス効果	137
ホルモン	166
——と遺伝の関係	167
——の構造と作用とメカニズム	167
——の種類とその作用	164

ま　行

マイクロ波	98
——の影響	124
マグニチュード	60
マグマオーシャン	26
マラーの法則	135
マリニュール	149
マリンスノー	151
マントル	32, 46, 48
マントルの熱対流	43, 46
水	
——資源	84
地球の——	75
——の動き	75
——の循環	84
——の特異な性質	76
——の分布	86
——分子	78
——利用	84
ミトコンドリア	158
南太平洋スーパーホットプルーム	51
ミラーの実験	148
ムーンライト計画	17
モホ面	31
モホロビチッチ不連続面	31
モンスーン	90
モントリオールの議定書	14

や　行

野生生物種	4
山風	90
有害廃棄物	4
有機スズ	173
よこ波	30
揚水式水力発電所	86

ら　行

ラジオアイソトープ	101
ラッセルの突然変異の実験	136
ラニーニャ現象	83
陸風	90
リソスフェア	33, 46
リボ核酸	151
粒子線	95, 99
臨界プラズマ条件	21
リンの循環システム	161
励起状態	109

くらしと地球環境

平成12年4月20日　発行
平成29年1月10日　第12刷発行

著作者　犬　飼　英　吉

発行者　池　田　和　博

発行所　丸善出版株式会社
〒101-0051　東京都千代田区神田神保町二丁目17番
編集・電話(03)3512-3266／FAX(03)3512-3272
営業・電話(03)3512-3256／FAX(03)3512-3270
http://pub.maruzen.co.jp

© Eikichi Inukai, 2000

組版印刷・富士美術印刷株式会社／製本・株式会社星共社

ISBN 978-4-621-04755-2　C 0040　　　Printed in Japan

本書の無断複写は著作権法上での例外を除き禁じられています。